模式·格局·特色

——松花江流域视野下典型城市空间形态研究

蔡新冬　著

U0376512

中国建筑工业出版社

前言

~~~~~~

　　松花江是我国东北地区的重要水系。松花江流域以水系为纽带形成了一个相对完整的地理单元，具有独特的自然条件、生态环境和文化传统。流域内的城市主要分布于松花江沿岸，其产生、发展和演变与水系的滋养密不可分，形成了相近的经济结构、社会功能和文化习俗。在快速城镇化进程中，松花江流域城市面临着经济结构调整、社会功能重组、文化观念异化等问题，引发了城市建设的混乱。

　　面对松花江流域城市空间形态扩展无序、生态失衡、特色缺失的困境，本书从松花江流域宏观视角，选取三座典型城市——吉林、哈尔滨、佳木斯为研究对象，从分析松花江在城市地域系统形成、演变和发展过程中的作用入手，以问题研究为导向，从空间模式、空间格局、空间特色三个方面展开典型城市空间形态的系统研究。

　　本书第 2 章借鉴文化地理学的理论与方法，明确松花江流域文化圈的概念与范围，通过对松花江流域城市发展历程的分析，总结出松花江流域城市发展特征。在此基础上，第 3 章以吉林、哈尔滨、佳木斯三个典型城市为例，以城市空间形态的演化历程为线索，对城市空间形态变化与松花江水系互动关系进行阐释性研究，总结典型城市依江演化规律。通过研究发现典型城市形态演变与松花江流

域的自然条件、社会环境和历史进程有内在的紧密联系，这为城市
空间形态发展问题的研究奠定了基础。

典型城市跨江发展模式的选择是城市空间发展过程中的战略
性问题。本书第4章通过对国内外城市跨江发展的实践和理论归
纳，总结滨江城市跨江发展的动力机制与限制因素，结合对典型
城市跨江发展历程、条件和面临问题的比较分析，提出三种跨江
发展模式。

典型城市生态化空间格局的规划必须依托于松花江水系生态
系统，这是建设生态城市的基础问题。本书第5章以水域环境生
态和谐为指向，引入景观生态学的理论方法，对典型城市水域生
态格局进行分析，提出高密度开发条件下城市自然、近自然水域
生态景观与人工建筑环境的整合原则，依据这些原则探索典型城
市空间格局。

典型城市空间特色的延续是快速城市化过程中所需解决的普遍
问题。松花江长期融入城市生活，不仅塑造了城市的物质形态，也
塑造了城市的文化精神。松花江流域自然环境形成了典型城市生长
的独特地理背景，流域文化是城市文化的本源，表现出鲜明的地方
特色。本书第6章将典型城市文化置于流域文化的时空坐标体系中
进行分析，探索典型城市文化发展的层次性、多样性和差异性，进
而提出了延续和发展典型城市空间特色的策略。

　　本书揭示了松花江流域典型城市发展的基本特征，总结了松花江流域典型城市的水系利用价值的演替性、城市形态演变的阶段性和城市空间发展的同构性规律，提出典型城市跨江发展模式和发展方向，提出了开发江城文化资源、修补江城结构肌理、凸显滨江特色景观的城市空间特色建设策略。

目录

～～～～

第1章

引言

1

1.1　研究背景

　　城市是一定地域范围内的空间实体，它的产生、形成和发展依存于一定的地理环境，依托于一个更大的生态、文化、社会系统。流域作为一个相对完整的生态和地理单元，具有独特的自然资源条件、发展模式、文化传统和生态环境景观，因此也形成了城市生长的独特基质。本书所研究的松花江流域即是这样一个完整的生态、文化、社会单元。松花江是我国东北地区的重要水系，流域内的城市广泛分布于松花江水系沿岸，是区域的政治、经济、文化中心。这些城市的产生、发展和演变都与松花江水系的滋养密不可分，形成了相近的城市风貌特征、社会文化习俗和经济职能结构。

　　随着快速城市化和城市经济的高速发展，松花江流域城市面临着社会功能的重组、城市经济结构的调整，以及城市空间形态的剧烈变动，也引发城市建设的混乱与无序，具体表现在以下几个方面。

　　一是城市形态雷同、城市特色缺失。在快速城镇化进程中，伴随着城市空间迅速扩张和城市形态快速变化，由于对建设量剧增的准备不足，对城市特色和城市文脉研究的缺乏，导致城市建设的盲从，造成了"千城一面"，城市风貌特色逐渐丧失。

　　二是城市生态环境遭到破坏。松花江流域传统工业型城市数量多，工业污染的排放量远远超出国家标准，环境污染治理水平较低。城市发展对松花江水系环境影响严重，松花江存在水质污染、洪水频发、水位下降甚至出现断流等现象，导致城市发展的环境支撑能力下降。

　　三是城市空间扩展无序。松花江流域城市在空间扩展中，大多数城市表现为近域扩展过度，导致城市空间扩展陷入"摊大饼"的怪圈。这种"摊大饼"式的城市近域扩展方式，使城市发展的整体空间格局尚处于单核发展阶段，城市产业、要素、人口与职能在城市中心的过度聚集，导致日益严重的交通拥挤问题，城市空间处于无序发展态势。

　　一直以来，基于松花江流域整体视角的城市研究工作较为薄弱，仅限于防洪排涝、水利开发等方面的单一目标。在城市规划和建筑领域中对于松花江流域的研究，尤其是将其作为一个具有相对文化特征的区域来研究的学术成果不多；从文化学角度，从文化的演变、发展来研究松花江流域城市空间形态的发生、发展的成果则更少。其原因是多方面的。首先，在城市发展过程中过多地重视经济的发展，从某种程度上忽视了城市形态长远的发展问题，忽略了自然地理因素特别是水系环境对于城市空间形态的作用。其次，从研究角度上看，总体上仍然摆脱不了就区域论区域、就城市论城市、就现状论现状的局面，很少从城市系统和流域系统双向互动的内在有机联系去分析和审视目前出现的城市问题。再次，从研究的学科看，单一学科研究的多，且在本领域内解决城市和区域局部问题的多，而缺乏学科之间互补协同、综合发展的科学观念。

因此，从松花江流域的大系统角度来思考城市空间形态的发展问题，对于富有地域特色的中国北方滨水城市的社会、经济、文化的可持续发展都有着重要意义。

（1）为松花江城市带的形成与发展提供理论基础

在经济一体化的今天，城市与区域之间通过人流、物流、能源流、信息流相互作用，相互影响。这种相互作用的客观基础是城市与区域、城市与城市之间要素分布的差异性及互补性。因此，我们必须从区域发展的角度认识和理解城市。松花江流域是我国城镇化较高的地区，大、中、小各种规模城市衔接层次合理，有共同的地域文化基础，且大多是综合性的工业城市，相互之间联系紧密。本书以松花江流域为基础的聚居研究，把城市及其腹地以及相关城市视为一个有机区域，拓展了城市空间的研究视野。通过对典型城市地理、文化、经济等方面的比较研究，根据城市在特有时空维度中的演化，考察城市产生、发展及其相互影响、变化的进程，为松花江流域城市带的整体研究提供理论基础。

（2）为寒地滨水城市空间形态和谐发展提供理论借鉴

松花江流域城市的形成与发展过程存在着许多相似之处，其功能偏重于资源采集、原料加工、机械制造等规模庞大、污染严重、劳动力密集型的产业。由于人们盲目追求短期经济利益，忽视空间环境的整治与治理，导致城市环境急剧恶化、水系污染严重，许多城市滨水地区已经逐渐丧失了自己的资源优势，逐渐走向衰落甚至面临废弃的境地，人们的生存环境受到了日益严重的威胁。本书基于流域视野，通过对典型滨江城市产生、发展过程与松花江水系关系的研究，力求总结寒地内陆滨水城市空间形态演变规律与发展模式。同时，以合理的江河水系利用为基础，以构建和谐社会的持续发展为目标，根据未来经济社会包括生态环境的发展趋势探求城市发展态势，从而对寒地滨水城市空间规划建设提供一定的理论借鉴。

（3）为松花江流域城市特色的形成提供方法保证

经济全球化的到来引发了社会体系的深刻变革和城市空间的剧烈变化，使得越来越多的城市在经济增长的同时，付出巨大的文化成本，造成城市空间特色的丧失、城市文化的趋同等诸多问题。因此，深入研究城市空间与城市文化，为信息时代的城市发展制定相应的城市地域文化发展策略，成为当前一项极为迫切的任务。松花江流域作为一个完整的地域文化系统，其地域文化的形成与发展与松花江的滋养密不可分，而城市文化是地域文化的集中体现。同时，作为城市发展所依托的自然地理环境，城市水系往往是形成城市鲜明特色的重要元素。本书借鉴文化地理学的研究方法，以松花江水系对城市地域特色塑造为主线，将文化区域与地理景观和历史演变过程相联系，探索典型城市空间形态特色发展的策略和方法，为松花江流域城市特色研究提供新思路。

1.2　研究范围

1.2.1　松花江流域

流域属于一种特殊的自然区域，它是以河流为纽带，由分水线包围的区域，是一个水文单元。松花江是我国七大江河之一，流经中国东北地区北部。有两条主要源头，其一源于长白山主峰白头山天池，另一源于小兴安岭，两条支流于三岔河汇合后，即松花江干流，折向东北流至同江市注入黑龙江。流域位于北纬40°42′~51°38′，东经119°50′~132°31′，包括黑龙江、吉林两省大部和内蒙古自治区一部分[1]（图1-1）。本书根据研究需要对松花江流域进行重新界定。

（1）结合行政区划定义松花江流域研究范围

流域是以自然河流水系为基础，以自然水域为边界的生态系统，是自然、地理和经济的综合体，是自然历史过程中的产物，因此对流域城市人居环境的研究要求除了考虑其作为自然环境单元之外，还应考虑其作为地域文化系统和社会经济系统的完整性。松花江流域作为一个自然地理区域，不仅包括黑龙江、吉林两省大部地区，还包括内蒙古自治区东北部地区。行政区域边界与流域边界的不一致，给研究造成干扰。所以本书从城市地域文化的同质性和省域区划的角度，将松花江流域研究范围界定为黑龙江、吉林两省区范围，使自然区域与行政区划边界重合，这样有利于城市地域文化特征研究和典型城市选取。

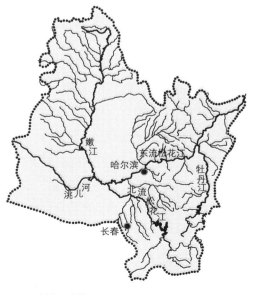

图1-1　松花江流域图
（资料来源：笔者自绘）

（2）松花江干流概念的重新定义

本书所涉及"松花江干流沿岸地区"这一概念与普遍意义上的松花江干流有所差

别。现在对松花江正源究竟是发源于长白山的第二松花江还是发源于大、小兴安岭的嫩江还没有定论,比较公认的是两源说。而公认的松花江干流是指从松、嫩两江交汇的三岔河至松花江与黑龙江相汇处共867公里的河道。多年来松花江源头的"两源说",使本来就是一条的河流变成了三条河流,即二松、松干、嫩江,这对确定松花江的地位、对松花江的管理,以及流域规划、开发,存在着很大影响。由吉林省水利厅提供的资料证明,第二松花江名称源于沙俄。1902~1904年,沙俄曾派测量队对松花江流域进行大规模的武装勘测,按河宽、水量、水深等因素,将上游至嫩江894公里的江段称"第二松花江",并于1907年出版了《松花江志》[2]。日俄战争后,日本关东军陆军部将这部书翻译出版,延续了"第二松花江"之称[3]。新中国成立后也一直沿用这个名称和干、支流分类方式,直到1988年经吉林省人民政府批准,正式废除第二松花江的名称。

历史上,流域内的城市主要集中于所谓"第二松花江"和松花江干流沿岸区域,这里一直是地域文化的核心区域,而且这两段水体名称一致,因此本书根据研究需要,将松花江干流定义为源于长白山,流至黑龙江,包括第二松花江在内共1657公里长的流域范围。为了叙述方便,按史学家的说法将三岔口以上的松花江干流称为"北流松花江",将三岔口以下的松花江干流称为"东流松花江"。

1.2.2 典型城市

松花江流域早期城市的出现,是以远古部落的集聚地为基础的。如松花江下游,从依兰到同江,在三江平原各地,存有许多古城址废墟。由于松花江流域各民族的迭兴、迁徙、战争给区域内的社会发展带来极大的影响,城市往往随着少数民族政权的建立而出现,随政权衰亡而毁弃,没有能够延续到近代。

流域内现今的城市基本上都是兴起于近代,随着松花江流域农业开发和中东铁路的修建而发展起来的,具有近代城市突发性和现代城市快速化的特点。流域内沿江临河的城镇有30余座。嫩江水系有加格达奇、讷河、齐齐哈尔、大庆、乌兰浩特、白城和扎兰屯等;北流松花江及支流水系沿岸有吉林、长春、桦甸、扶余、农安、双阳、德惠、九台和榆树等;东流松花江及支流水系沿岸有哈尔滨、佳木斯、牡丹江、宁安、呼兰、巴彦、木兰、通河、方正、依兰、富锦、绥滨、兰西和肇源等。其中重要城市有哈尔滨、长春、吉林、齐齐哈尔、大庆、佳木斯和牡丹江等7座,是区域的政治、经济、文化中心和交通枢纽。

本书选取了吉林、哈尔滨、佳木斯这三座城市为典型城市进行比较研究,主要依据三方面原则:可比性、相关性、差异性。可比性是进行比较研究的前提,同时也是影响比较研究成果的重要因素。从可比性原则方面看,选取的三座城市都是流域内的综合性大中城市,其城市形态发展相对完备。从相关性原则方面看，这几个城市都是位于松花江干流沿岸的滨江城市，并且都以"江城"闻名，具有代表性；城市地域文化形成、城市形态演变过程等方面都有相似之处。从差异性原则方面看，三个城市在松花江流域中的地理位置不同，吉林市位于上游，哈尔滨市位于中游，佳木斯市位于下游，三个城市的自然环境基质、城市人口规模、空间布局模式、结构形态特点也都有很大差异。这种差异性体现了城市具体时空环境下的形态特点，是进行比较研究的基础。

1.3 研究思路

1.3.1 内容

本书分为三大部分共六章：

本书第一部分为第1章引言，主要是论述研究的背景、意义和研究思路，并阐释松花江流域城市空间形态存在的问题：扩展无序、生态失衡、特色缺失。

本书第二部分是对松花江流域城市演变发展历程进行分析，包括第2、3章。第2章对松花江流域城市发展整体历程进行分析。通过借鉴文化地理学的理论与方法，确立松花江流域文化圈的概念与范围，进而总结出松花江流域城市发展的时空结构特征。第3章选取吉林、哈尔滨、佳木斯三个典型城市，对松花江流域城市空间形态变化进行阐释研究，分析滨江城市发展与松花江水系的互动关系，从历时性层面总结松花江流域典型城市依江演化的规律。

本书第三部分基于流域视角，通过比较分析，从空间模式、空间布局和空间特色三个方面层层推进，对典型城市空间发展问题进行探索研究，包括第4、5、6章。第4章探讨了典型城市跨江发展的问题。首先，对滨江城市跨江发展的动力机制与限制因素做总结性研究；其次，对典型城市跨江发展的历程、条件和面临问题进行比较分析；最后，对典型城市跨江发展模式进行探索。第5章探讨了典型城市空间布局与自然生态格局协调发展问题。通过引入景观生态学的理论与方法，对典型城市生态格局进行分析，提出整合城市水系生态景观的原则，依据这些原则探索典型城市空间结构布局。第6章探讨了典型城市空间特色发展问题。首先，基于流域视野对典型城市文化进行系统分析，提出江城文化资源开发策略；其次，以修补观念为指导，提出城市物质形态特色建设策略；最后，通过对典型城市滨江环境特质分析，提出城市滨江景观特色发展策略。

1.3.2　方法

（1）调查研究

通过实地调研，获取对研究对象的直观感受，搜集第一手资料并发现问题，这是研究的基础性工作。借鉴了社会科学研究中的"观测方法"，通过拍照、采访、问卷调查等方式，获取相关信息。本书在研究中重点对松花江流域典型城市进行调研，了解该类型城市的发展进程、空间布局、生态环境等问题，为研究工作奠定基础。结合松花江流域和流域内城市的生态、社会、经济、历史、文化等多方面文献资料的收集、整理和分析，通过对其他学科研究成果的借鉴，达到融会贯通的目的。

（2）比较研究

比较研究法是本书的一个主要研究方法。比较方法是根据一定的规则，把有着某种内在联系的事物加以类比和分析，确定其相似和相异之处，从而把握事物的本质、特征和规律性的一种思维过程和科学方法。本书选取三个典型城市进行研究，本身就包含着比较的内容。通过比较可以发现不同城市之间的相似性，从而总结一般规律；通过比较还可以发现其间的相异性，则可以限定比较范围总结城市特征，为城市空间形态的研究提供了全方位视角。

（3）实践分析

本书研究缘起于对现实问题的观察和追问，最终也要反馈到城市建设的实践活动。理论与实践，这两个方面的研究始终贯穿于本书之中，成为研究的基石。本书结合松花江流域滨江城市的工程实践，主要对哈尔滨、佳木斯、吉林等几个典型城市的创作实践项目进行有针对性的研究，总结工程实践中的探索经验，提升为指导性理论，将理论研究的成果与具体的实践活动结合起来，完成了"实践—理论—实践"的过程。

（4）学科综合

以流域为背景的城市空间形态问题研究，不能仅仅依托建筑学和城市规划学理论。在当今全球化的背景下，进行多学科的综合研究成为复杂性问题研究的必然方法。这一方法不仅体现了多角度研究的全面性，同时在学科的交叉过程中，也有机会迸发出许多创造性的观点和设想。本书在借鉴建筑学科研究成果的同时，注重结合地理历史学、城市社会学、文化地理学、景观生态学等学科成果，以多学科结合的系统化方式进行流域系统人地关系的研究。

1.3.3 框架

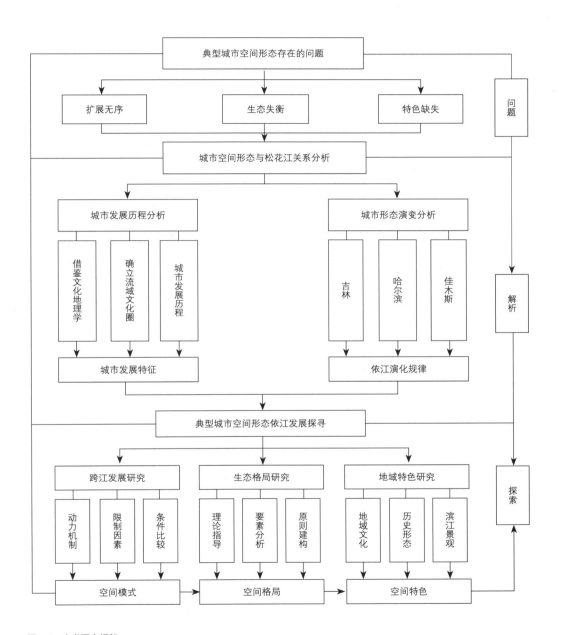

图1-2　本书研究框架
（资料来源：笔者自绘）

第2章

松花江流域城市
发展历程

2

2.1　文化地理学的理论借鉴

在研究城市地域系统人地关系的学科中，文化地理学无疑占据着最重要的地位。文化地理学着重研究一定空间范围内各种文化现象的空间分异、地域组合及文化区域的形成、发展和演变，强调从地域的观点探索文化现象的形成和发展，揭示文化现象的特性及其与地理环境的关系[4]。当前，文化地理学的研究方向与成果已渗透到社会的多个领域，涉及历史、资源、环境、聚落、文化、社会、经济等多个方面，形成了一个具有多分支学科的完整体系。

2.1.1　研究内容

文化地理学是人文地理学的一个分支，其源头可以追溯到19世纪末的地理环境决定论（environmental determinism）。德国地理学家拉采尔（F. Ratze1）的《人类地理学》和美国学者亨廷顿（Ellsworth Huntington）的《气候与文明》两本书，都强调了地理环境和气候条件对人类文明的决定性作用[5]。由于地理环境决定论过分夸大了自然环境的决定力量而受到广泛的批评和质疑，但从人类社会发展的不同阶段上看，地理环境决定论仍有广泛的适用性，能够准确地解释人类社会发展初期，在落后的技术条件和简单的社会构成条件下，与自然环境的被动从属关系。

19世纪末20世纪初，法国地理学家白兰士（De La Blache）对地理决定论进行了补充、修正，提出了地理环境可能论。该理论认为自然环境仅提供了一系列可能的机会，人类具有相当大的选择自由，在人与环境的关系中，人是积极的力量，不能用环境的控制来解释一切人生事实，一定的自然环境为人类提供各种可供利用的可能性，而生活方式则是决定人类集团选择哪种可能性的基本因素[6]。

1930年代，美国地理学家卡尔·苏尔（Carl Sauer）提出把解释"文化景观"作为人文地理学研究的核心，开创了人文地理学的"景观学派"和文化地理学的先河。苏尔在其发表的《景观的形态》（The Morphology of Landscape）一文中认为"一个特定的人群有其特有的文化，在其长期活动的地域内，一定会创造出一种适应环境的地表特征，这种被人为活动改造后的自然景观就是文化景观。文化景观是特定时间内形成的自然和人文因素的复合体，文化景观因人类的作用而不断变化，因此，文化景观反映了人类文化与自然环境相互影响、相互作用的关系和结果。"[7]此后文化地理学在欧美地理学研究中得到了长足的发展。

总体看来，虽然文化地理学涉猎的领域非常宽泛，但就其核心而言，主要是以人类文化与自然环境的关系论点作为其理论基础，发展形成了文化景观、文化生态和环境感应三大研究方向。文化景观主要研究文化景观的形态、构成、特征、演变及其空间差异；文化生态主要研究文化现象与自然环境相互作用影响的关系，强调环境对文化和人类文化对自然环境的"双向作用"；环境感应则从人对环境感知、认识与行为的角度，探讨文化景观的形成与演替，揭示文化景观的客观存在原因[8]。概括起来，文化区域、文化扩散、文化生态、文化整合和文化景观构成了文化地理学的基本研究内容。文化区域体现着文化的空间存在形式；文化扩散即文化由文化源向外围的传播运动；文化生态则反映了人、文化、环境三者的统一性；文化整合即不同文化之间冲突、碰撞、交融的过程；文化景观则是文化在地表的表现形式。可见，文化地理学的研究主题与区域和城市研究具有密切的相关性，由于城市是人类活动而产生的最为重要的地理现象之一，因此文化地理学的基本观点和理论可以作为对区域单元的城市物质形态研究的理论基础。

2.1.2　借鉴启示

（1）文化地理学提供了一个区域研究视野

城市规划与建筑学领域对城市的研究往往集中于城市自身，而文化地理学从地理学的领域出发，基于更宏观的区域视野，将文化区域与自然地理区域结合，使抽象的文化概念空间化、区域化。区域视野是一种理智概念与分类范畴，建构一个区域的概念或了解特定的区域，意味着结合诸多不同专业的系统性解释。将文化视为可定位的特定现象，是文化地理学最重要的理论贡献之一，将文化放在现实生活的具体场景中，放在特定的时间和空间中进行研究，这对本书从流域角度研究城市问题提供理论支撑。

（2）文化地理学着重研究地域景观的时空结构

文化地理学对于文化景观与生态环境关系的研究是以揭示文化景观的形成和变化为核心的。在揭示区域文化景观的特点时，强调文化景观的形成与演变的历史过程。文化景观具有时间属性，是一个逐渐形成的过程，在不同的时段和不同的文化集团内，形成不同的文化景观。在演化过程中，文化是动因，自然条件是中介，文化景观是结果[9]。本书以松花江流域为空间背景，以城市发展历程为时间背景，研究城市空间形态的发生和变化过程，就是借鉴现代的文化景观研究方法，通过建立空间—时间坐标体系来把握城市物质形态及文化发展的层次性、多样性和差异性，从而形成较为具体的、综合的认识。

（3）文化地理学强调地域文化的多样性与差异性

地域性作为文化地理学的重要研究内容，是文化地理学研究的基石和出发点。文化地理学地域性的核心问题是地域分异规律，无论是聚落的形成，还是产业布局条件的分析等，都体现了地域性，离开了地域差异性和相似性的研究，文化地理学的研究也就失去了意义。文化地理学以文化景观作为主要研究内容之一，而城市作为地域文化的载体，是地域文化的空间集聚，因此城市地域特色本质是由不同地域的文化差异构成的。城市作为一定地域的节点和极核，它的产生与发展从一开始就与周边环境进行着物质、能量和信息的不断集聚与交流，这种集聚与交流不仅使城市成长为一定地域的政治中心和经济增长极，而且也成为地域文化的集结点和辐射点。各种各样的文化在城市中汇聚、整合、积淀，使城市成为地域文化的标本和缩影。

（4）文化地理学以自然与人文环境的和谐发展为目标

文化地理研究离不开与自然生态环境的联系，在物质文明正在全球范围取得主导地位、许多人陶醉于西方文明对自然界的"征服"的历史背景下，文化地理学从文化生态学和历史地理学的角度，剖析了所谓西方物质文明的功利主义性质，及其对自然资源的掠夺和对生态环境的巨大破坏，认识到人类与自然界是不可分割的统一体，与环境协调是人与自然并存和发展的唯一合理途经，为达到共存的目的，人类要遵循自然活动的规律。研究松花江流域城市空间发展问题，首先要认识到城市对于流域自然生态基质的依赖性，流域生态环境影响城市的地域特征，制约着城市活动的深度、广度和速度，甚至起到促进或延缓社会发展的作用，因此在强调社会发展文化瓶颈的同时，更要强调人类赖以生存的地域自然生态系统的保护，实现人文与自然的和谐发展。

2.2 确立松花江流域文化圈

2.2.1 地域文化区的划分

文化地理学认为"文化区域"是由不同文化要素以独特的组合方式构成的空间领域。一个地域单元正是由文化区域与地理景观相互影响、相互作用而逐渐形成的，并通过外在景观的差异性，表征其空间领域范围。地域文化区具有一定地理空间性、历史传承性和文化稳定性。

地理空间性表现为：地域文化区以不同地区人群中盛行文化特征的差异来划分，在同一空间范围内，其语言、宗教、习俗、艺术形式、道德观念，社会组织、经济特色以及反映这些文化特征的景观是一致的；历史传承性体现为：地域文化区作为一个历史范畴，是一个动态概念，有其历史演变过程、发展阶段性和连续性；文化稳定性表现为：地域单元的文化发展具有一定的稳定性，一以贯之的价值观念和有条不紊的生活方式等都是这种稳定性的具体表现。

中山大学司徒尚纪教授在《广东文化地理》一书中提出了文化区划的概念，即划分不同的文化区，直接揭示文化的空间差异及其分布规律。根据文化区的基本概念，依照以下基本原则划分不同的文化区：比较一致或相似的文化景观；同等或相似的文化发展程度；类似的区域文化发展过程；文化地域分布基本相连成片；有一个反映区域文化特征的文化中心[10]。

中国古代地域文化划分主要有南北两分说；楚为代表的南方，以齐鲁、三晋为代表的中原和以秦为代表的黄河上游西部三分说；华夏、东夷、北狄、西戎、南蛮五分说；中原文化圈、北方文化圈、齐鲁文化圈、楚文化圈、吴越文化圈、巴蜀滇文化圈、秦文化圈七分说等[11]。

当代不少学者对中国地域文化的划分做了大量的研究和探索工作。施坚雅教授（G. W. Skinner）在对中国晚清城市体系研究过程中，把中国分为西北、华北、长江上游、长江中游、长江下游、岭南、东南沿海、云贵、东北9个大区[12]。李勤德的《中国区域文化》将全国划分为齐鲁文化、中原文化、燕赵文化、巴蜀文化、荆楚文化、吴越文化、岭南文化、滇黔文化、闽台文化、西藏文化、西藏亚文化、西域文化、松辽文化、蒙古草原文化。苏秉琦先生将中华文明的发源地划分为以燕山南北长城为中心的北方，以山东为中心的东方，以关中、晋南、豫西为中心的中原，以环太湖为中心的东南部，以环洞庭湖与四川盆地为中心的西南部，以鄱阳湖—珠江三角洲为中心的南部6大区域。吴必虎提出中原文化区、关东文化区、扬子文化区、西南文化区、东南文化区、蒙古文化区、新疆文化区、青藏文化区的划分方式。严文明先生则将中国史前文化划分为以中原文化区为核心，外围是甘青文化区、山东文化区、燕辽文化区、长江中游文化区、江浙文化区的圈层地域文化格局。高曾伟在《中国民俗地理》一书中，通过对地理环境、气候等因素的分析，将全国划分为东北、华北、华中、华南、西南、西北以及青藏等7个民俗地理区。东南大学的王文卿、陈烨等学者通过对文化的广义分析以及区划原则的拟定，在对物质文化、制度文化、心理文化等单项区划的基础上，推导出我国8个传统聚居地的人文背景[13]。

总体而言，上述地域文化的划分形式多样、标准不一。就其划分标准可归纳为三类：一是以自然地域为主要依据，如黄河文化、岭南文化、西域文化等；二是以社会经济结构为主要特征，如滨海文化、农耕文化、草原文化等；三是以族群为依据，如华夏、东夷、北狄、西戎、南蛮等。虽然划分方式不一，但大多将东北地区划分为一个完整的地域文化区，称谓有所差异，如东北文化区、关东文化区、松辽文化区等。本书研究的松花江流域地区从全国文化格局上看，属于东北文化区范围内，这是松花江流域城市研究的大区域文化背景。

2.2.2 松花江流域自然概况

（1）地理

松花江是中国的七大江河之一，流经中国东北地区北部。自天池至松花江河口全长
1657公里，流域面积55万余平方公里，仅次于长江和黄河，居全国第3位。流域包括黑龙
江、吉林两省大部和内蒙古自治区一部分。山地、丘陵占流域面积的63%，平原占29%，
余为沼泽、湿地[1]。

（2）水系

松花江正源长790公里，流域面积7.82万平方公里，众多支流源于长白山地区，多从左
岸汇入。上游穿流于高山峡谷，河道狭窄，水流湍急，水力资源丰富。在吉林市丰满，人
工筑坝形成库容百亿立方米的丰满水库，湖区长约200公里。吉林市以下，河谷逐渐展宽至
300~500米，至扶余县以下江面宽约500~1000米，河道坡降仅0.095%，水流渐缓，水深加
大到2.5米左右。

东流松花江867公里，依次有拉林河、呼兰河、蚂蚁河、牡丹江、倭肯河、汤旺河等较
大支流汇入。干流河道河槽深广，坡度较缓，大体可分3段：三岔河至哈尔滨，河道蜿蜒于
草原湿地，河宽约370~850米，水浅流缓；哈尔滨至佳木斯，两岸为台地和低山丘陵，河宽
200~1000米，其中依兰附近的"三姓浅滩"长达27公里，险要处岩石多出露水面，江岸石
崖不断，连绵达600余米。佳木斯以下，地势平坦，河道宽浅，一般宽约1.5~3公里，流速
缓慢，受黑龙江水顶托，回水可上溯80余公里，直达富锦。干流河床平均比降0.083‰。

嫩江干流长1490公里，流域面积24.39万平方公里，两侧支流众多，分别发源于大、小
兴安岭，右岸支流多于左岸。干流在嫩江县以上，穿流于山地中，多为石质河底，坡陡流
急，具有山溪性特征。嫩江县以下，河流多弯曲、浅滩，河宽400~1000米，洪水时竟可达
数公里，水深约1米。

（3）气候

松花江流域地处欧亚大陆东部的中高纬度地区，属寒温带大陆性季风气候。特点是：春
季风大干旱；夏季短促而湿热；秋季降温急剧，易生霜冻；冬季漫长，干燥寒冷。年平均
气温从北往南为−5℃~−4℃。有5个月平均气温在零度以下。全年无霜期，南部为140天左
右，北部为110天左右。地面冻结时间为140~200天，最大冻土深度为1.5~2.4米。年平均降
水量为400~600毫米，东部多，西部少。大部地区冬季为西、西北风，夏季为偏南风。

（4）水文

松花江径流中雨水补给约占75%~80%，融雪水补给约占15%~20%，地下水补给

约占5%~8%。冰雪融化始于4月，形成春汛。5、6月夏汛开始，如雨季提早，春汛和夏汛间无明显低水段。7、8月降雨量占全年总量的一半，水位较枯水期高4~5米，径流量约占全年的30%~40%。9月以后水量下降。10月下旬至翌年4月中旬为枯水期，径流约占全年的5%~20%。11月中旬至翌年4月初为封冻期，平均最大冰厚1米左右。松花江径流多年变化明显，丰水年与枯水年均流量之比达6~7倍，有连续丰水、连续枯水的交替现象。

2.2.3　松花江流域文化圈确定原则

中国幅员辽阔，由于各地区自然条件、历史条件、人口分布、经济文化状况、建筑条件、历史传统等因素千差万别，从而客观形成了一些历史文化区域。不同的区域之间存在着深层次的文化差异，它们集中地体现于城市中，赋予城市文化以鲜明的底色；而城市在特定时期形成的文化往往又会积淀、留存下来，成为区域作用的表征，并进一步强化区域的特性。松花江流域城市间的相似性不仅在于处于一个共同的自然环境基质之中，更重要的是处于一个共同地域文化区域之中。

为了更好地了解松花江流域文化背景与城市发展的相互影响，本书引入"文化圈"的概念。文化圈的概念首先由德国民族学家R·F·格雷布纳提出，是社会学与文化人类学描述文化分布的方式之一。文化圈是一个空间范围，在这个空间内分布着一些文化特质相似或基本相同的文化丛群，强调地理空间的意义，注重物质文化的作用，强调社会风俗、伦理道德以及宗教等方面的精神文化，同时他更加强调文化圈内各文化丛的相互关联以及如何构成具有共同文化特质的文化有机体。

文化圈的划定可大可小，是一个具有层次属性的概念。大到民族群、国家、东西半球，小到村落、单个民族以及各类风俗区等。由于各文化圈的形成、发展、演化以及地理分布复杂，不仅受到自然地理因素、社会经济条件影响，同时考虑到历史演变以及各不同文化间的相互渗透等因素，要十分明确地划分文化圈是复杂而困难的。文化圈范围过大，地域文化内部的差异过大，难以把握地域文化的整体特色，也不利于地域文化研究的深入。文化圈范围很小，地域狭小，就会从属于其他文化，有可能被其他文化"涵化"，失去了其典型性和独立性。因此，文化圈的划分要针对所研究的具体问题而确定适中的范围。

在历史的长河中，黄河、长江流域形成了以汉民族为主的中原文化圈，在其周围形成了所谓的东夷、北狄、西戎、南蛮等其他民族文化圈，而松花江流域与其周围地区共同处于东夷——东北文化圈内。就辽宁、吉林、黑龙江三省所形成的东北文化圈内部来看，同样存在次级文化圈之间的差异。如果按行政区划分，可以分为辽宁文化圈、吉林文化圈、黑龙江文化圈三个次级文化圈；如果按自然地理区域划分，可以分为辽河流域文化圈和松花江流域文化圈。本书倾向于后者，因为吉林、黑龙江两省的边界是新中国成立后重新确定的，而在历史上该区域没有明确的边界，自清朝起两省行政边界不断地变更，两省的地域文化差异也较小，所以，以行政区来划分地域文化区不利于对区域文化特色的研究。除此之外，本书按自然流域系统划分地域文化圈，将松花江流域定义为区别于辽河流域的完整地域文化系统，主要遵循以下几个原则。

（1）地域完整性原则

在地域文化形成过程中，自然生态因素是一个重要的影响因素，某种程度上地域文化是人地互动关系中人类文化做出适应性选择的结果，因此，地域文化的形成与地域自然环境关系密切。地域文化研究中的地域划分应以自然地理区划作为基本构架，地理基质环境的相对完整性与一致性是地域划分的基本条件。江河一般被认为是人类文化的发源地，依托江河水系形成不同的地域风土人情。人们"缘水而居"是出于对农业、用水、渔猎、采集和避灾等因素综合考虑后做出的选择。另外，河流的网状水系和上下贯通的河谷地带，为聚落间的频繁接触和文化交流提供了十分便利的条件。流域不仅养育地域文化，而且在地域经济、文化的交流与传播过程中往扮演沟通者的角色，因此，民间有"民歌隔山不隔水"之说。黑格尔也曾经说过："水性使人通，山性使人塞，水势使人合，山势使人离"[14]。

在我国多元一体的文化格局中，松花江流域与黄河流域、长江流域、珠江流域等一样都是中华民族文化的摇篮。松花江流域以松花江水系为纽带，连通黑、吉两省地域。松花江流域地形地貌以山地、丘陵为大半，平原近1/3，余为沼泽、湿地。虽然平原所占的比例较小，但从古代时期起，人们就主要聚居在由松花江水系所贯穿的松嫩平原与三江平原上，这自然给各地的经济、文化的相互交流、融合带来多方面的影响，促进了较为完整的流域文化的形成。

（2）文化同质性原则

将松花江流域定义为完整的地域文化圈还在于其内部文化的相关性与同质性。地域文化是多元的，但是这种多元并不是不同文化之间简单地、毫无意义地组合在一起，而是有着这样或那样内在联系的统一体。因此划分地域文化时应注意地域内各文化要素、各局部文化是否有内在的联系，是否能构成有机的文化体系或相对稳定的文化状态，是否具有独立的、完整的文化发展历史。松花江是生态走廊，是一条适宜人类聚居繁衍的地域生态空间，同时在人地互动和社会发展的过程中，松花江沿线集聚了巨大的社会经济资源，有共同的地域文化基础，成为一条文化走廊。作为中华民族文化的局部构成的松花江地域文化，有其自己的历史性、典型性和独立性。古代时期，松花江流域是少数民族聚居的区域，寒冷的气候条件、边缘的地理空间、以渔猎为主的生产手段，使流域形成了独具特色的"东北夷文化圈"[15]。通过民族间的迁徙与战争，加强了文化交流，到近代时期逐渐形成了较为统一的文化：类似的方言、类同的生活习俗、共同的地域认同和文化认同。

同时，松花江流域从远古时代起就和中原建立了密不可分的关系，两种文化以融合—冲突—再融合—再冲突的方式不断演进着。松花江流域文化是在半农半牧半渔猎的生活方式和历史发展中形成的，具有以渔猎文化为主兼具农业文化的特征，与中原地区以经济发达的农业为基础的文化相比处于弱势地位。在两种文化的碰撞中，主要是中原文化对本土文化的影响和本土文化的固守，此消彼长地构筑了地域文化。

（3）地区间差异性原则

由于差异是事物本质特征，划分地域文化圈必定要注意地域文化之间的差异性。如果说松花江流域可以成为一个完整的地域文化圈，那么，这种定义成立的关键在于寻找与同为东北文化域子系统的辽河流域文化圈之间的差异。

首先是地域文化圈的历史形成过程的差异。史学界研究证明，到了有文献记载的春秋战国时期，中国已经形成了燕、齐鲁、晋、吴越、楚、巴蜀等地域文化区，而事实上先秦"燕文化"地域范围包含了今辽东南地区。辽东南地区的文化在长期的历史发展过程中是典型汉文化、农耕文化，与松花江流域地区的少数民族的游猎文化有着根本区别。而至满清入关后，为保存龙兴之地，设置"柳条边墙"彻底将松花江流域地区与辽东南地区割裂开来，加剧了地域之间的文化差异。

其次是气候条件影响的农业生产方式的差异。热量条件是生态地理区域划分的重要指标，由于它是决定陆地地表大尺度差异的主要因素，它对于生态地理区域综合体的一切过程都有影响。它是大多数植物和农作物正常生长的重要保障。东北地区温带与暖温带PE①的界限，即65.4厘米等值线，基本沿东经124°经线自开原开始向南经铁岭、抚顺和本溪东侧草河口、凤城抵丹东附近[16]。这个界限与两个流域自然边界几乎重合（图2-1）。

图2-1　松花江流域与辽河流域分界线
（资料来源：作者自绘）

① 桑斯威特（C. W. Thornthwaite）1948年提出以可能蒸散和水分平衡概念为基础的植被气候分类法，以PE表示可能蒸发量。

最后，地理环境造成的区域文化性格差异。辽东南地区以流向渤海湾的辽河水系为纽带，南部与中原文化圈接壤，对外交通相对便利，其地域文化开放性特征较强；松花江作为一条内陆河，由南向北汇入黑龙江，区域地理空间处于一种对外交通不畅的封闭状态，地域文化的内聚性较强。

2.3 松花江流域城市发展历程

2.3.1 早期形成阶段

7.5万年以前松花江流域已有人类活动，到商周之际始有小型青铜器出现。西周、春秋时期在秽貂部族活动地区、东北夷各部活动的地区以及西部的东胡、山戎活动地区均已出现私有制和社会分工，北方地区开始出现游牧国家，当时社会经济还不十分发达，社会从游离状态的渔猎文明社会进入了半固定居民点状态的农牧文明社会，居住的房屋为半地下穴居式，这是城市的最初形式。

（1）夫余国时期

据《三国志·夫余传》记载，在西汉时期，居住在松嫩平原地域的古夫余开始了筑城的实践。夫余族是最早从秽、貉种族中分离出来的民族，并建立了政权。关于夫余国都城，众说纷纭。有人认为是吉林农安，有人认为是黑龙江阿城，现在倾向于吉林市附近的东团山南城子。东团山古城位于吉林市东郊江南乡永安村东团山南麓，平面略呈圆形，城址有南北二门，周长1050米[16]。通过这种粗略的考察，可知这一时期区域的地域中心主要分布在松花江与嫩江交汇处和松花江上游地区。

（2）渤海国时期

渤海国为唐朝时期生活在松花江流域的粟末靺鞨人所建立，存在了200多年。渤海国时期，松花江流域由氏族社会跨入了封建社会，城市建设得到了极大的发展。渤海国主要受到唐朝文化的影响。渤海国仿造唐朝中央制度，设五京、十五府、六十二州、一百三十七县，其城址大部分集中于牡丹江沿岸和松花江上游地区，以敖东城和上京龙泉府为中心发展[17]。上京龙泉府与唐朝长安城形制极其相仿（图2-2），反映了当时中原文化对松江流域文化的深刻影响。

（3）辽金元时期

随着辽代的强盛，松花江地区实际上将渤海时代的封建文化的雏形丢掉，又回到半氏族

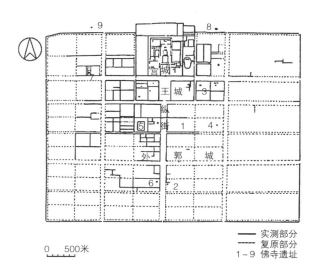

图2-2 宁安渤海上京龙泉府遗址平面
（资料来源：王绍周总主编，于倬云等分篇主编. 中国民族建筑第3卷 [M]. 南京：江苏科学技术出版社，1999.）

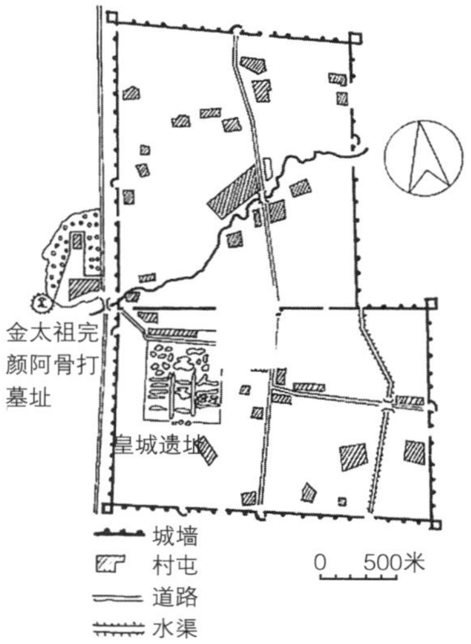

图2-3 阿城金上京会宁府遗址平面
（资料来源：王绍周总主编，于倬云等分篇主编. 中国民族建筑第3卷 [M]. 南京：江苏科学技术出版社，1999.）

半封建的社会中。从辽代开始，松花江与嫩江汇合处及松花江中游开始繁华起来。主要城市有黄龙府（今吉林农安）、长春州（今吉林大安）、泰州（今白城西南）、宁江州（今扶余）；在黄龙府北有祥州、宾州，南有威州、信州[18]。

金代城市的发展与扩大，最初是以金上京为中心向外扩张，当时的城市集中在松花江中游一带，主要城市有金上京（今阿城）、肇州（今肇东市八里城古城）、蒲与路（今克东县金城古城）、胡里改路（今依兰县城南靠近牡丹江右岸的土城子古城）等。金上京（今位于黑龙江省哈尔滨市阿城区南2公里）为1115年女真族首领阿骨打建立的国都。金上京仿造宋朝东京汴梁的布局模式和建造手法，体现了"前朝后市"的传统布局模式（图2-3）。

元朝时期，城镇分布向松花江下游地区扩展，代表城市有八里城（今肇东市四站西南3公里处）、桃温万户府（今汤原松花江左岸固木纳古城）、托斡邻军民万户府（桦川县东北松花江右岸之宛里古城）、孛苦江军民万户府（富锦市松花江右岸古城）等。

（4）明清时期

明朝时期，东北地区农业垦殖主要集中在辽河流域。东北北部的松花江流域地区仍是未开垦的处女地，那里散居着少数民族游牧、游猎部落。明朝政府为防御北部少数民族的扰乱，确保辽河流域农业生产，巩固在东北的统治而修筑的柳条边墙，阻碍了边墙内外的交通及贸易，限制人口向边外松花江流域地区迁移，抑制松花江流域的经济开发和城镇发展。

清朝时期，清政府为了保护"龙兴之地"不断完善明朝时所留下柳条边墙。柳条边以南的辽河流域地区生产方式以农业为主，柳条边东北的松花江流域地区生产方式以渔猎和农业为主。柳条边以南辽沈地区实行与中原地区相类似的郡县制度，柳条边以东吉林、黑龙江地区实行军事镇戍制度。由于柳条边墙的隔绝作用，严重阻碍了松花江流域地区的社会文化发展和城市发展。

由于沙俄不断侵袭我国黑龙江、松花江地区，东北边疆岌岌可危。顺治十年（1653年），清朝开始在宁古塔常驻八旗，其后，清朝陆续在松花江流域地区设置八旗驻防城。康熙十五年（1676年）为对付沙俄的侵扰，宁古塔将军移筑吉林乌拉，将其建设成为东北军事重镇和船舰制造中心。康熙三十一年（1692年）东北进行大规模扩军，分赴齐齐哈尔、伯都讷、三姓、珲春、阿城等处，修筑城堡，实行驻军屯田、充实边防的举措，人口主要沿驿道及边疆地区分布并由此形成一些边塞城市。到1850年松花江流域规划建成的较为著名的大小城镇有吉林、乌拉街、宁古塔（今宁安市）、宽城子（今长春旧城）、三姓（今依兰县）、阿勒楚喀（今阿城区）、双城堡、呼兰、拉林、舒兰、昌图等14座驻防城市。

2.3.2 近代转型阶段

松花江地域文化圈的近代转型，是从原始的渔猎为主的生产方式向农耕生产方式、向工业生产初期的跳跃性转变过程。在这个过程中，中东铁路的修建是促进区域发展的重要影响因素，因此将松花江流域近代时期可划分为三个历史阶段：19世纪中期至末期中东铁路修建之前，20世纪初至30年代中东铁路修建之后，20世纪30年代后的日伪统治时期。

（1）中东铁路修建之前

1840年鸦片战争之后，中国逐步沦为半封建半殖民地社会。在内外交困的形势下，清政府决定开禁放垦，以达到移民实边，抵御列强和依靠民垦收入度过财政难关，缓解内地人口压力的目的。1860年，清政府正式开放呼兰河平原，随后又开放了吉林西北草原，松花江流域的大规模移民放荒由此开始。到19世纪末，松花江流域开垦的地区有舒兰、西围地边荒、桦皮甸子（今桦甸市北）、乌林沟、西围场荒沟河、伊通、伯都讷（今松原市扶余区）、珠尔山、五常厅、双城堡、拉林（今五常市拉林镇）、阿勒楚喀（今阿城区）、三姓（今依兰县）北五站，以及珲春等地区所属荒地[19]。通过在垦区之间开辟驿道，广设驿站，这些道路把边疆与内地沟通，招来大量移民，加速了这一地区的土地开垦，促进农业、手工业及商业的发展，促进城镇的形成和发展。随着城镇形成和发展，又吸引了大量移民聚居，两者相互促进形成良性循环。这一时期沿古驿道和松花江干支流水系分布的市镇获得快速发展机会。

（2）中东铁路修建之后

1896年，沙俄为掠夺东北的资源，通过《中俄密约》，攫取在东北修筑中东铁路的权利。中东铁路的修筑首先促进了沿江城市的发展，沙俄利用黑龙江、松花江水运运输大量修建中东铁路需用材料，沿江、河或建港口，或建造船厂，使沿江城镇迅速发展起来，三姓（依兰）、呼兰、吉林等城镇在此期间人口增长速度较快。1903年中东铁路建成通车，中东铁路西至满洲里，东至绥芬河，从哈尔滨南下至大连，形成贯穿东北地区丁字形铁路干线。中东铁路的修建使封闭的松花江流域地区与沿海口岸连接成为有机的整体。在中东铁路沿线，出现许多新的聚落，并迅速发展成为城镇乃至更大的城市，例如哈尔滨、牡丹江、肇东、公主岭和四平等都是在这一时期发展起来的城市。相反地，原地处古驿道沿线，曾为地区较重要城镇，却因古驿道的荒废而发展缓慢，如吉林、三姓（依兰）、宁古塔（宁安）、墨尔根（嫩江）等。

进入20世纪以后，随着东北西部内蒙古草原和北部的嫩江流域、松花江下游及牡丹江流域的开放，可供移民选择的地区更加广泛。由于农业、林业及矿业的开发与运输兴起促进松花江沿岸城镇兴起及传统城镇的发展与变迁，形成粮食或木材集散中心城镇，如鹤岗、佳木斯、汤原、富锦、宾州、巴彦、通河、克山、木兰、伯都讷、呼兰、阿城、双城、依兰等。

（3）日伪统治时期

1931年"九一八事变"后，东北全境沦陷，1932年，东北成立傀儡政权伪"满洲国"，日本帝国主义加速对东北地区的经济掠夺。"九一八事变"前，区域工业的发展相当迟缓，仅有一些纺织、榨油、面粉、制糖、卷烟、造纸等以农业原料加工为主的轻工业。"九一八事变"后，日伪为强化其统治，为战争做准备，只发展适应战争需要，与国防有关的工业，限制轻工业，其中工矿业投资占投资总额的80%[20]。地区经济带有明显的殖民地特征，经济结构畸形化，工农业比例、轻重工业比例严重失调。

这一时期发展起来的城市，以牡丹江、佳木斯两市最大，中等城市则有富锦、延吉等19座，多是沿松花江及各铁路线发展起来的，其中松花江沿岸、图佳铁路沿线及中东铁路东部沿线分布最密。牡丹江成为东北边疆的重要军事基地；佳木斯因日本移民聚居成为移民城市。

2.3.3 现代发展阶段

新中国成立初期，在特殊封闭的国际环境下，中国的建设参与国际市场和争取国际援助的唯一渠道是对苏友好关系。松花江流域由于临近苏联的地缘优势而获得了重点发展。"一五"时期，全国156项大型工程中，安排在吉林、黑龙江两省的项目共有33项。这些企业的建成，强化了松花江流域地区的以重工业为主体的全国工业基地地位。经过几个五年计划的建设，松花江流域地区的经济结构、工业结构、产业布局都发生了根本的变化，出现了长春、吉林、哈尔滨、齐齐哈尔、牡丹江、佳木斯等新型工业中心。大庆、鸡西、双鸭山、七台河、伊春等资源开发型城市。到1978年，东北三省GDP占全国GDP总量的13.5%，黑龙江省人均GDP相当于全国人均GDP的149%，吉林相当于100.5%。1978年东北三省人均GDP高于浙江、江苏、广东和福建。

改革开放以来，松花江流域地区城市恢复性发展。到2004年，松花江流域城镇体系是由2个大于200万人口的超大城市（哈尔滨、长春）、2个100万~200万人口的特大城市（吉林、齐齐哈尔）、7个50万~100万人口的大城市（四平、鸡西、伊春、佳木斯、牡丹江、大庆、鹤岗）、11个20万~50万人口的中等城市和16个人口小于20万的小城市构成。城镇体系布局的主要特点是沿交通干线、沿江发展，城镇分布的密度是南部高于北部，中部高于东西部。

松花江流域城市发展与东部沿海地区相比较为缓慢。表现为由政府主导的计划经济模式向市场经济转型过程中的"不适症"。与东北地区其他地方一样，在1980年代第一轮沿海地区开放时处于观望和被遗忘状态；1990年代意识到市场经济的大潮势不可阻挡时，已错过私营经济发展的最好时机；到21世纪才开始的东北老工业基地振兴，靠近京津唐的辽宁地区明显比吉林、黑龙江地区具有更好的发展机会。

2.4 松花江流域城市发展特征

2.4.1 震荡与突变的发展历程

（1）古代城市发展的震荡特征

松花江流域古代城市往往是随某一政权建立而出现，又随某一政权衰亡而毁弃，旋生旋灭，极少数能够保存延续到近代。一次又一次摧毁萌生的文明，每一次城市的发展不得不在一个极其原始、落后的低水平上起步。整体上看，松花江流域城市的产生与发展，有着明显的界代，不同于中原地区的城市发展有着更多的历史的继承性。

这种现象最初表现在夫余被勿吉灭亡，建立在农业生产基础上的城市消失。渤海国兴起后，农业再次发展成为主要经济部门，出现了以上京龙泉府（宁安）为中心的一批城镇。政治上受到中原地区的影响，接受唐朝文化，被称为"海东盛国"。渤海国被辽国所灭后，渤海国人被迫南迁，城市荒废，丢掉刚刚建立的封建文化雏形，又退回到半氏族半封建的社会中。随着辽的强盛，松花江和嫩江交汇处繁荣起来，但这种形势仅维持半个多世纪，便被处于氏族社会的女真人所征服。其后，女真人以国都上京会宁府（阿城）为中心建立一些城镇。随着女真人南下入主中原，将国都由上京会宁府移至燕京，自毁其城，松花江流域再一次出现大规模的城市衰退。此后，满清入关后为保护龙兴之地，实行筑"柳条边"的隔绝政策，抑制了松花江流域城市发展。

（2）近代城市发展的突变特征

松花江流域近现代城市发展具有突变性特征。松花江流域的突变是外力冲击下骤然反应的结果，封禁的解除、大规模移民放荒垦殖、中东铁路的修建、外来文化强势进入等多种因素综合作用引发了区域社会环境的突变。柳条边墙内的辽河流域地区是渐进式发展，而边外松花江流域地区几乎是从手工业初始阶段直接跳跃到机器工业发展阶段。吉林、齐齐哈尔建城于清朝初期，是清政府为保卫国土、驱逐沙俄、驻军永戍而建立的军事堡垒；哈尔滨、长春是因沙俄的中东铁路修建而发展起来的；佳木斯、牡丹江等原是日本侵略者的移民城市与军事城堡；而新中国成立初期兴建的资源开发型城市，如大庆、鸡西、鹤岗等，是由于国家经济发展对资源需求而激发了区域城市的发展。总体看来，近现代松花江流域城市的突变发展是由外部力量主导的。

（3）影响城市发展的主导因素

松花江流域城市震荡与突变的发展历程其实是一个连续的过程，是区域政治、文化、民族、经济等各方面综合作用的结果，而根本影响因素在于流域地缘区位环境。从区域地理学的角度来看，一个地区进出交流通道是否畅通，对这个地区发展的影响至关重要。其一，松花江水系作为一条内陆河，由南向北流向更加寒冷、荒芜的黑龙江流域，影响了区域对中原地区先进文明的吸收；其二，由于区域气候寒冷，人口密度较低，适宜农作物很少，始终没有形成城市发展所依托的农业基础；其三，由于人口稀少，每一次政权发生更替，新统治民族往往采取移民的政策，巩固政权，这对原有城市造成了沉重的打击。松花江流域古代社会发展的特点是当社会发展到一定阶段，不能在原有水平上向更高的水平发展，反而倒退到较低的起点。宏观不利区位条件是造成古代松花江流域城市发展缓慢的主要原因。而到近代随着交通条件和外部环境的改善，松花江流域这种大国边疆的区位环境变成了有利条件，区域获得了突变的发展机会。因此，松花江流域地缘区位环境作为一个重要因素主导了城市发展。

2.4.2　沿江与沿路的空间布局

（1）古代沿江"正三角"区域中心结构

　　松花江流域已发现的平原城市全部邻水而建，距河流最远为1.5公里，形成了沿江而走的城市分布格局。由于松花江流域各民族的发源地域不同，当一个民族取代另一个民族统治松花江流域时，城市群的重心往往发生位移。秦汉时期的夫余国城市分布于松花江与嫩江交汇处和松花江上游地区。到渤海国兴起后，当时城镇是以上京龙泉府为中心，广泛分布于松花江上游、牡丹江流域的敦化盆地。契丹兴起后，城市群重心又发生位移，回到了松花江与嫩江汇合处。金朝初期，女真人以上京会宁府为中心建立的城市体系，将区域中心迁移到了松花江干流的中下游地区。清朝时期，城市系统又扩展到了松、嫩两江交汇处和松花江下游的三江平原地区（表2-1）。

古代核心区域与中心城市的对应关系　　　　　　　　　　　　　　　　　　表2-1

朝代	夫余国	渤海国	辽国	金国	清朝	近代
中心城市	东团山古城	上京龙泉府	黄龙府	上京会宁府	吉林乌拉宁古塔	哈尔滨长春
核心区域	松花江上中游	牡丹江流域	松、嫩两江汇合处	松花江中游	松花江、牡丹江流域	沿江、沿铁路分布

　　虽然不同朝代松花江流域的城市分布也有明显的空间差异，但总体上看还是主要集中在松花江干流和其支流牡丹江所围合的三角形地域内。沿松花江、牡丹江画一个等边三角形，三角形的顶点为两江交汇处或水系发源处，将不同时期的区域中心叠加，可以发现每一个时期城市发展基本是沿三角形的一边为轴发展，而每个时期的地域中心，基本上位于每条边的中心位置，形成了沿江"正三角"区域空间结构。从清朝时期的古驿道分布可以看出，在宁古塔（宁安）、吉林、伯都讷（扶余）、呼兰和三姓（依兰）之间形成了环形的驿道系统，而这种驿道的分布与沿江"正三角"区域结构正好吻合（图2-4）。因此，可以看出松花江干流和牡丹江所围合的三角形空间是古代区域发展的中心。

　　（2）近现代沿江"正三角"结构的拓展

　　近代时期，中东铁路的修建主导了城市分布格局。1903年中东铁路建成通车，形成贯穿东北地区丁字形铁路干线。这样一条贯穿东北地区伸向东北南部两港口城市的铁路，使松花江流域交通线路有所变更，人口分布状态随之改变，并影响到城镇分布。在铁路沿线，出现许多新的聚落，并迅速发展成为城镇乃至更大的城市。这种城市空间分布的变化体现在两

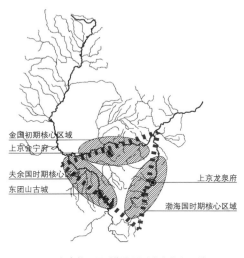

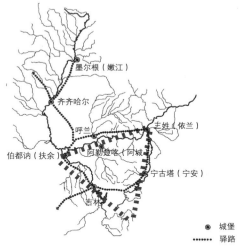

a）古代不同时期主要城市与核心区域　　　　　　b）清朝时期城市分布格局

图2-4　松花江流域古代城市分布格局
（资料来源：笔者自绘）

个方面：其一，原有区域中心城市被附近的新兴城市取代，如哈尔滨取代呼兰和阿城，牡丹江取代宁古塔，佳木斯取代依兰，长春取代吉林成为区域中心；其二，随着工矿资源的开发出现了一批资源型城市如鸡西、鹤岗，七台河、大庆等。由于区域经济的不断发展，城市沿着铁路向流域深处扩展分布，到目前为止在流域内初步形成了长吉、哈大齐、黑龙江省东部三个城市群（图2-5）。通过与古代时期城市分布格局相比较，可以发现，区域发展的重心仍然位于沿江地区，是沿江"正三角"区域空间结构的延续和发展。

（3）"正三角"结构的中心地理论分析

　　1933年德国地理学家克里斯塔勒（W. Christaller）提出了中心地理论（Central Place Theory）。中心地理论的主要贡献在于首次确立了中心地、中心地功能、中心度的概念以及中心度的划分依据，建立六边形的中心地模式，从而形成了一定区域内中心地功能等级、数量和空间分布的系统理论[21]。中心地的核心理念就是，以中心地的吸引能力与其服务范围之间的平衡，并由多个这种

图2-5　松花江流域现代城市分布格局
（资料来源：笔者自绘）

28

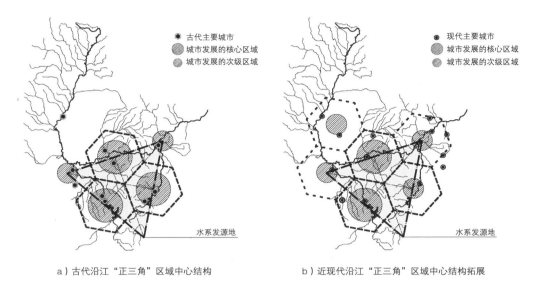

a）古代沿江"正三角"区域中心结构　　　　　　　b）近现代沿江"正三角"区域中心结构拓展

图2-6　松花江流域"正三角"结构示意图
（资料来源：笔者自绘）

平衡所建立的正六边形结构模式（图2-6）。借用中心地理论对松花江流域城市分布的时空特点进行理性分析，可以发现深层次原因。

　　松花江流域古代城市分布的"正三角"地域结构的形成，是由于相对于广阔的流域环境，区域人口较少，而古代城市发展所需一定规模的人口支撑，这就需要将人口聚集到较小的区域内。对人口的需求促使自由和强制的移民，由于流域民族众多，兴起的地理位置不同，因此形成了区域核心的变迁。以中心地理论进行分析，可以发现在古代交通不便、人口数量少的情况下，城市发展存在"门槛"，这个"门槛"就是一定范围区域人口的聚集和中心城市对核心区域范围控制的平衡。从自然地理环境上看，是由于松花江干流与牡丹江所形成的三角形地域，既有大片沃土可以农耕，又有山川沟谷险隘，藏兵设伏，进可攻，退可守，是建都立国的理想之地。虽然各民族的发源地域不同，活动的区域不同，但是其城市分布主要集中于沿江地带。

　　近现代，由于人口增加、经济发展，区域内出现了多个中心，多中心之间通过对人口的吸引竞争，最后平衡，形成了六边形的中心地结构。施坚雅（G. W. Skinner）认为晚清时期的中国城市尚未形成一个一体化的城市体系，而是分别出现几个区域性体系。每个城市体系看来都是在某个自然地理区域中发展的，最高级别的区域性单位无一例外地处于流域盆地[12]。松花江流域也是如此，流域内明显分化为两大部分，一是以松嫩平原为核心的区域性高级别城市体系，另一是流域外围低级别城市体系。人口和资本等各种资源都在中心区集中，愈靠近区域的边缘，这些资源愈贫乏。区域的核心地带处于河谷中的低地，与区域的边缘地带相比，有明显的交通优势。可航行的水系作为干线促进城市发展；即使不能通航的水系，它们流经的河谷也成为便利的陆上运输线。由于这些原因，区域主要城市都兴起于中心区或通向它们的主要运输线上。因此，松花江流域作为一个完整的地域单元，体现出更为明显的"核心—边缘"特征。

通过借助中心地理论对松花江流域城市时空结构的分析，我们可以得出这样一个结论：流域城市分布的特点是沿江或沿路分布，其发展的核心是沿江"正三角"地域中心（图2-6）。

2.4.3　冲突与交融的文化特质

松花江流域城市文化主要有三个来源：本土文化、中原文化和外来文化。自夏商到清末的近四千年间，一直处于间歇性的历史循环之中，地域文化受到中原文化的深刻影响；到了近代，由于沙俄、日本的入侵，受外来文化影响痕迹明显，并且这种外来文化在一定程度上表现为殖民文化；新中国成立以后，松花江流域城市在计划经济体制指导下发展形成，城市受这种制度文化的影响；改革开放以来，传统地域文化受到市场经济制度文化的冲击。

（1）古代——与中原文化的冲突交融

肃慎、夫余、东胡三族是商周之际，生活在松花江流域的主要民族，也是后来区域各民族的本源[15]。在封闭的环境条件和寒冷的气候条件下，在渔猎生产方式基础上，松花江流域民族形成了粗犷、豪放的本土文化性格，在这个过程中，不断受到中原文化的影响。早在三千多年前的周朝时期，生活在松花江流域的肃慎人便和中原发生了臣贡联系[16]。渤海国时期，更是在国家建制、行政区划、经济文化等各个方面，全面吸收唐代的中原文化。渤海国都城——上京龙泉府几乎就是唐朝长安城的微缩版，城市布局形制极其相仿，城郭呈长方形，城郭内街道为东西、南北纵横交错，格式如棋盘；也同样分为外城、王城、宫城三重城垣，外城为"凹"型，皇城位于正中的凹处。宫城在内城北部中央，城市的基准线是以皇城南门的纵街中心对称布置（图2-7）。金朝时期的上京会宁府也是仿造北宋都城东京汴梁的布局模式和建筑风格建设，在城市中轴布置五座宫殿，体现中国传统的"前朝后市"的传统布局模式。

另一方面，松花江流域各民族在吸收先进文化的同时，也顽强抵制这种文化入侵。例如金朝时期，金政府下令，女真人不许改称汉姓，不准穿汉装[15、16]。清朝时期，统治者为了保护松花江流域这块"龙兴之地"和"国语骑射"的满洲传统习俗，防止流域各族因汉人的进入而汉化，因而采取了强化明朝时期的柳条边墙的封禁政策。清雍正皇帝谕令吉林地方满族人，禁止科考，专心骑射，禁止汉人流入，实行区域文化封禁[22]。清朝政府采取了一系列措施，严禁汉族人流入东北，阻止汉文化向东北地区传播。但是，到清朝中后期，随着流

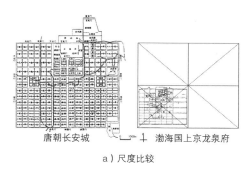 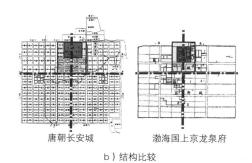

唐朝长安城	渤海国上京龙泉府	唐朝长安城	渤海国上京龙泉府
a）尺度比较		b）结构比较	

图2-7　渤海上京龙泉府与唐长安平面布局比较
（资料来源：笔者自绘）

向松花江流域的汉族移民逐渐增多，汉族文化在少数民族中传播，被当地民族所接受，以满族为主体的本土文化逐渐被同化。

（2）近代——与外来文化的冲突交融

从文化地理学角度来看，"本土文化"与"外来文化"是一组相对概念。古代时期，中原文化相对松花江流域文化属于外来文化。近代时期，由于文化交流和文化迁移的作用，经过漫长的历史岁月，在中原文化与本土文化逐渐融合的情况下，西方近代文化成为外来文化。由于流域内城市主动或被动的开埠和俄、日的殖民统治，客观上使松花江流域成为对外开放的前沿。区域内的国际移民逐年增加，据日本外务省报道，在民国2年（1913年）东北居住的俄侨达7万余人[23]，他们多数居住在哈尔滨、长春、齐齐哈尔等商埠地或铁路沿线附属地。

国际移民带来的地域文化转型突出表现在对铁路附属地及殖民城市的规划建设上。哈尔滨原为松花江畔的村落，在俄罗斯文化殖民输入的影响下，发展成为鲜明的俄罗斯式城市空间特征。随着近代西方文化对本土文化的逐渐侵入，社会文化心理对于西方文化的态度也存在着由隔离到主动接受的转变过程。铁路附属地近代化的城市设施的逐渐完善，先进生活方式、卫生习惯和前所未见的新型街区，使得外来文化逐渐被中国居民所接受，两种文化逐渐由排斥转变为吸纳与融合。哈尔滨道外区由中国工匠完成的中西合璧式的"中华巴洛克"式建筑就是这种文化交融的具体体现。"中华巴洛克"建筑以巴洛克建筑式样为根本，同时揉入中国传统式的细部装饰（图2-8）。在近代中国普遍存在的中外建筑文化交融的大环境下，哈尔滨虽远离中国传统文化的核心地带，仍然没有脱离其巨大的影响[24]。这种影响正是源自于由中原移民而来的工匠头脑中根深蒂固的文化传统，在西洋建筑文化的渗透与辐射下，两种文化的碰撞与融合的结果。

（3）现代——城市地域文化的迷失

新中国成立后，松花江流域城市是国家重点建设的重工业基地。在这里，计划经济体制得到了最充分的体现。事实上，经济体制决不仅仅只是一种经济体制，它同时也会造就一种文化。而这种体制文化，已经成为地方文化的一个重要的组成部分。传统的资源型经济和计划经济运行体制是造成区域人文环境滞后的重要原因。片面强调工业化的发展，在"为工业发展创造便利条件"的城市发展目标下，文化的因素被忽略。标准化建筑的普遍采用，造成了城市空间以效率为

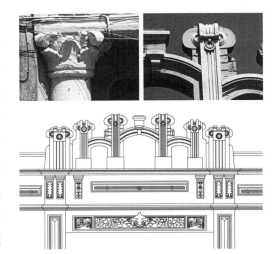

图2-8 哈尔滨道外"中华巴洛克"建筑细部

主，表现为整齐划一、呆板单调和特色缺失，原本本该继承发展的城市特色不断被消解。

改革开放以后，国家经济政策的调整，并没有完全改变人们受计划经济时代影响所产生的计划观念。重工业制度文化模式除了具有指令性、统一性、集体性等特性以外，还有从众、保守，习惯接受自上而下的指令。从地理环境方面看，由于自然环境相对封闭，受外来思潮冲击少，极容易形成思维定式，思想僵化，形成了与市场经济格格不入的封闭保守观念。同时，不愿与外界交流，害怕现代文明的冲击，尤其害怕竞争，又强化了守旧心理、惧险心理和安贫心理。在这种习惯于被支配的文化模式下所形成的依赖性和被动性制约了人们内在的主动求变的积极性和创造性，加之区域整体上开放程度较低，外在的发展动力不足。

1990年代，流域内城市由改革初期的观望转向奋起直追，旧城更新与新区开发同步展开达到空前的高涨。与日俱增的市场需求导致人们无暇顾及城市的传统，疯狂拷贝，照搬西方的建筑模式，导致"复古主义"和"形式主义"盛行，将城市设计变成了纯粹的拼贴游戏。这是区域环境由封闭转向开放后，在计划经济体制下形成的思维方式、思想观念、价值取向等文化方面的内容，直接受到商品经济、信息化等现代制度文化的冲击，而产生的迷茫混乱的表现。

由于松花江流域文化属于次发达文化区域而不断受到外来文化的冲击。松花江流域的文化弱势地位主要是受到地缘政治环境和自然地理环境的影响。古代，与中原遥远的距离和寒冷的气候条件使得松花江流域文化是在渔猎生产方式基础上形成的，与中原地区以农耕生产方式为基础的文化相比处于弱势地位。在两种文化的碰撞中，主要是中原文化对本土文化的影响和本土文化的固守；近代由于受殖民文化影响，工业体系和城镇建设并没有形成真正意

义上的现代地域工业文明体系；现代由于对外封闭的环境使得在计划经济体制下形成的保守文化受到市场经济模式的冲击，造成了地域文化的迷失。

2.5 本章小结

本章以区域视角对松花江流域城市的发展历程进行总体研究。首先，借鉴文化地理学的理论方法，以地域完整性、文化同质性和地区差异性三条原则为基础，通过与同为东北文化域子系统的辽河流域文化圈之间的对比分析，明确了松花江流域文化圈概念和范围；然后，以城市早期形成阶段、近代转型阶段和现代发展阶段的历史线索为依据，对松花江流域城市发展历程进行分析；在此基础上，本章的最后总结归纳出松花江流域城市发展三个特征：震荡与突变的发展历程，沿江与沿路的空间布局，冲突与交融的文化结构，及其与松花江流域地理环境、地缘政治、社会制度等之间的内在联系。

本章为本书研究确立了宏观区域时空背景，是从更大的范围来认识城市。从空间上看，重视城市赖以存在的地域系统和城市的内在关系；从时间上看，根据区域自身特有的变化节奏，考察城市产生、发展及其相互影响和变化的大历史。时间—空间坐标体系的建立，理清了松花江流域城市之间内在的文化、生态、空间联系，从而为把握典型城市空间发展上的层次性、多样性和差异性奠定了基础。

第3章

典型城市空间
形态演变

3

上一章通过区域视角对松花江流域城市进行了总体分析，形成较为宏观和整体的认识。本章以吉林、哈尔滨和佳木斯三个滨江典型城市为例，从城市空间形态的具体演变过程入手，分析城市空间形态演变与松花江水系环境的内在关系。

3.1　吉林——双岸多核发展

3.1.1　滨江点状生成（1673~1880年）

（1）社会背景

吉林市是松花江流域历史最悠久的城市之一，城市历史最早可追溯到西汉时期。当时"三山"（吉林市东部的龙潭山、东团山、帽儿山）地区的平地城曾是我国东北地区的少数民族政权——夫余国的早期都城。到了明代，吉林市出现城市的雏形，是以采集、渔猎为主要生产活动的经济中心。

清代，吉林市作为清王朝的发祥地之一，倍受清廷的重视。沙俄入侵以后，吉林市凭借毗邻辽河政治中心的区位优势和松花江上游的水陆交通优势，以及明朝建设的船厂引起了清政府的重视。1671年（康熙十年），清朝调整军事布防，调宁古塔副都统移驻吉林，管理吉林军政事务。1673年，清朝派宁古塔副都统率八旗军在吉林建城。1727年吉林城内设永吉州，1747年把永吉州改为吉林厅，1757年改宁古塔将军为吉林将军，1881年吉林厅升为吉林直隶厅，同年升为吉林府。吉林成为松花江流域地区的军事重镇、驿站和水运交通中心。

（2）城市形态

在城市选址方面，吉林古城受到中国传统风水理论的影响，建于群山环抱的松花江畔河网地带，当时城北山麓，湖泡泽潦，东西相连，两端有河通于江中，城即建于江河湖水相连的"岛上"。

1673年清朝派宁古塔副都统率八旗军在吉林建城，标志着近代吉林城市的正式诞生。当时吉林古城形态，据《盛京通志》记载：南依松花江，东西北三面竖松木为墙，高8尺。北面280步，东西各250步，周长780步。三面各有一门。木城外有池，池外覆有土墙为边，周长7里180步，东西边墙紧靠河岸。其特点是：内土外木，池河交错，一边依江无墙。为梯形的军事城堡，木城（内城）内面积约0.2平方公里，外城面积2.1平方公里，初建的吉林古城总用地为2.3平方公里，人口约5000～10000人[23]。

1742年古城失大火后重修，竣工时已经没有内、外城之分了。东、西、北三面筑土为墙，城墙周长约9.67里，城区面积有所增加。城内开始兴建住宅、商店、粮仓和作坊，成为粮食、药材、木材的集散地，古城的城市性质也由单一的军事城堡演变成为地区的政治、军事、经济中心。

1866年古城第二次重修，扩建后土城墙高一丈一尺左右，城墙向北延伸290多丈，周长1794丈，合11.66华里。此次扩建城门增加至8个[25]（图3-1）。1883年土城墙改修为青砖墙。

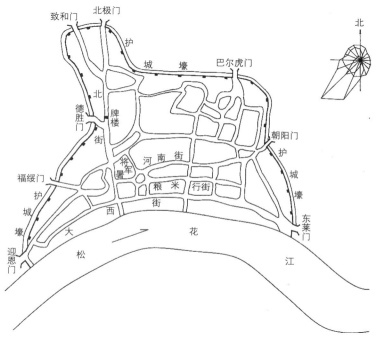

图3-1　1866年吉林古城平面图
（资料来源：林明棠. 吉林市发展史略［M］. 长春：吉林文史出版社，1997.）

古城形态以将军署为核心，以南北向的北大街为垂直于松花江的纵轴，以东西向河南街为平行于松花江的横轴，构成了古城形态的框架。将军署作为城市核心位于古城几何中心偏西南，临近松花江。以将军署为中心连接各城门形成了古城的五条主要大街：河南街、粮米行街、西街、大西街、北街。用地分布上造船厂位于古城西门外临江地区，河南街南侧的草市、粮米行及其北大街东西两侧为商业区，西南角为居住区，将军署及其周围用地为行政管理区。

（3）江与城关系

吉林依托于清代造船场发展而来，城市兴起与松花江水系密不可分。

①自然条件形成城市产生基质环境

吉林市的区域自然地理条件，有两大特点：一是长白山区与松辽平原的过渡地带，二是松花江由山区流入平原的流经点。吉林城背负长白山，面向松嫩，为二者结合的一个河谷盆地小平原。三面环山，一面傍水，为城市生长提供了良好的地势优势。松花江水系丰富的水资源和周边山林资源，为渔猎生产方式下村落集聚提供了基础。盛产木材可用于制造战船，盛产粟米为周边军事重地提供充足的粮食。可见，优良的地理条件和自然资源是吉林城市产生的前提。

②船厂建立促进城市产生

吉林市地处第二松花江上游中部，水面宽约450～500米，航运条件较好，适于大船航行，又是从辽东到黑龙江的必经之地，因而明、清两代为巩固边防抵御外国侵略，均曾在吉林建造运粮船和兵船。清朝在吉林古城以西凭借松花江水势设厂造船，制造战船、运粮船。为发展船厂，加强水师防务，需要就近建一座城堡以提供粮饷补给，便于官兵长期驻防，这促成了吉林城市的产生和发展。

③松花江影响城市形态

从城市外部形态上看，宽阔的松花江为古城提供了天然的屏障，从而形成了三面城墙一面依水的独特形态。同时，为了充分利用沿江岸线资源，吉林古城呈不规则的梯形向松花江敞开，形成了山环水抱的城市形态（图3-2）。从城市结构肌理上看，古城肌理依据松花江的走向和主要道路的走向形成了南北向和东西向两种街区形态。将军署以南是古城的中心地带，这里进行着船只制造、粮草交换等商业活动，这些活动与松花江水运有着密切的关系，因此街坊沿江展开，按照大西街、西街、粮米行街、河南街四条东西走向的大街呈现出东西向狭长的相对规则的肌理形态；将军署以北的大面积区域由居民自发建造，道路松散崎岖形成了随意、不规则的街坊（图3-3）。

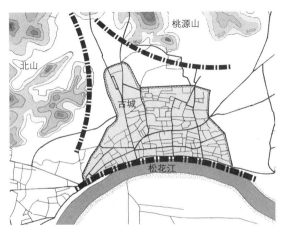

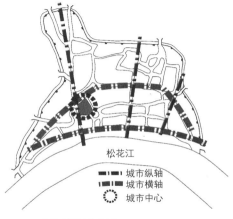

图3-2　自然环境对吉林古城形态的影响
（资料来源：笔者自绘）

图3-3　吉林古城结构分析
（资料来源：笔者自绘）

3.1.2　沿江带状发展（1881~1948年）

（1）社会背景

　　1898年开始建设的中东铁路，成为帝国主义掠夺资源、倾销产品的主要通道。吉林市的矿产资源比较丰富，因此被纳入日本殖民掠夺的蓝图之中。1905年日本政府强迫清政府签订不平等协议，规定在东三省开设包括吉林市在内的16处商埠。1908年吉林市设开埠局，勘定埠界，编制《商埠地规划》，这是吉林市首次局部城市发展计划（图3-4）。1912年10月，以商埠地为中心向北贯穿城区的吉长（吉林—长春）铁路的建成通车，这标志着吉林市城市近代化的开端[26]。

　　1931年，东北沦陷后，吉林市被纳入第一次产业开发计划之中，投入到吉林市工业的资金达4亿余元，占总投资的14%，占工矿业投资的25%[22]。吉林市殖民工业体系膨胀起来，

图3-4　1908年吉林商埠地规划
（资料来源：林明棠. 吉林市发展史略 [M]. 长春：吉林文史出版社，1997.）

改变了原来的产业结构，水电、化工、建材等工矿业占了主导地位，走向深层的殖民经济掠夺。随着吉海、龙丰、龙舒、拉滨铁路线修建，城市交通方式的变革主导了城市结构的变迁。

（2）演化轨迹

　　近代吉林城市沿江扩张可分为两个阶段。

　　第一个阶段为近代初期吉林沦陷之前，吉林城市外部形态以古城为中心沿松花江向东西两侧扩张。从1923年所测吉林街市图看，城市空间形态以古城为中心，以东、西两侧城门为基点，沿松花江河道自由扩张。此时的古城城墙依然存在，内城外城界限明确，市区总用地面积扩展为12.2平方公里，比1883年的市区用地扩大了近两倍（图3-5）。

　　第二个阶段为1931年吉林沦陷后，随着商埠地进一步发展，火车站的交通枢纽作用进一步提升，城市发展重心向东北转移，形成了明显的城市扩展方向。1940年前后，随着日伪政权对吉林市工矿业进行投资，沿吉长铁路向北到哈达湾地区，建立了大量工厂：大同水泥厂、造纸厂、精麻加工厂。1940年市区用地面积增加到17平方公里（图3-6）。可见，这

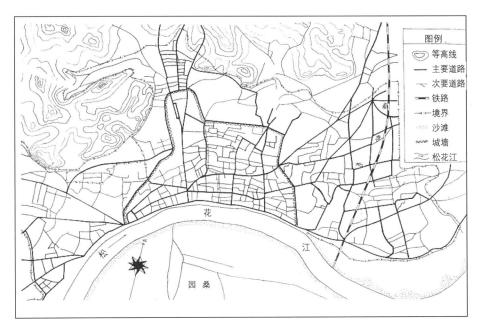

图3-5　1923年吉林市测绘图
（资料来源：吉林市城乡建设委员会史志办. 吉林市志·城市规划志（1673—1985）[M]. 吉林市城乡建设委员会，1997.）

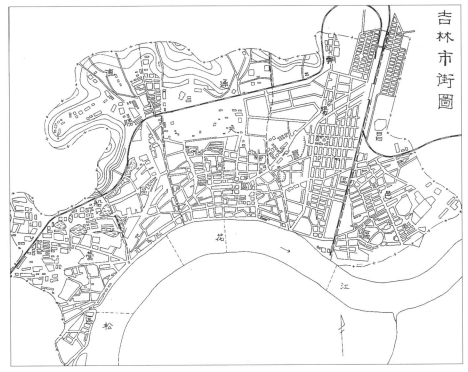

图3-6　1939年吉林市街图
（资料来源：林明棠. 吉林市发展史略[M]. 长春：吉林文史出版社，1997.）

41

一时期商埠区和工业区的发展引导了城市空间形态的扩展。

（3）空间结构

近代时期，由于城市空间发展，城区沿江由西至东被分为船营区、得胜区、通天区、朝阳区、昌邑区五个区域。西部的船营区由原来船厂发展而成，它和得胜区都处于原来古城西部，没有统一的规划，因此街坊形态随意，街区大小不一，城市肌理粗糙；通天区为原古城主要部分，发展历史最长，街区形态自由，街道层次清晰，城市肌理相对细腻；朝阳区和昌邑区，以吉长铁路为界，属于新城区商埠地，在规划指导下沿吉长铁路形成了规整的方格网街坊。城市内部交通路线以四条南北向的干道为主，道路级别区分不明确，东西向没有形成贯穿城市的主干道路。

（4）江与城关系

近代时期，吉林城市空间形态发展体现了沿江而展的趋势，江与城关系体现在以下几个方面。

①松花江航运地位下降

这一时期，吉林水路运输相比古代时期有了进一步的发展，到1936年，沿江已经形成上游经由阿什哈达等26个码头，至老额河；下游经由九站等22个码头，至哈尔滨，年货运量13000吨。但是，由于古城造船、演练水师功能的消失，导致城市与松花江联系减弱。特别是1942年丰满电站建成后，由于未建通航设施，将松花江上游航运截为两段，电站以下水量明显减少，航运逐年衰退。同时，由于铁路运输的成本、效率优势，城市交通中心由滨江地区转移到火车站附近，并形成新的商业区（通天区）。

②水利开发促进城市工业发展

松花江水系对城市工业发展的促进首先体现在丰满水电站的修建上。丰满水电站位于距吉林市区南24公里的松花江流经猴岭、喇咕哨之间的风门（丰满）。电站1943年发电，容量为13万千瓦。丰满电站建立为吉林现代工业发展提供了动力保证。另一方面，松花江水质良好，且水源丰沛，这为造纸、亚麻、化工等工业用水提供了保证。因此城区松花江下游，近江地势平坦的哈达湾区形成了城市工业区。

③松花江水系环境影响城市形态

虽然这一时期城市空间扩张整体表现为沿江发展，但是具体分析城市发展过程，又可分为三个不同阶段：第一阶段是沿江发展阶段，近代初期由于人口增加，城市空间由老城区沿江向东西两侧自由发展；第二阶段是离江扩张阶段，在火车站建立和开埠地规划的逐渐实施后，以铁路为核心的城市空间向北发展，与松花江关系疏远；第三个阶段，由于地形限制、松花江形态和工业用水的需求，使得城市形态又趋向沿江发展。因此，从吉林城市空间这段时期的发展过程中可以看出，城市形态表现为沿江发展的主要原因是受到松花江河谷地形和水系形态的限制（图3-7）。

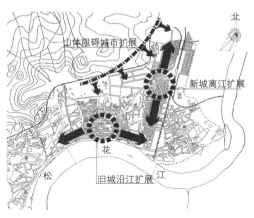

图3-7　自然环境规限吉林城市发展方向
（资料来源：笔者自绘）

3.1.3　跨江双岸发展（1949年至今）

（1）社会背景

新中国成立初期，国家将第一个五年计划期间156项重点工程中的染料厂、肥料厂、电石厂、铁合金厂、吉林热电厂的新建工程及丰满发电厂扩建工程等7项工程在吉林市建设。其后，国家各部委和吉林省在吉林市又陆续安排了一批工业项目，包括化工机械厂、仪器仪表厂、轻型车厂、专业车灯厂等重型装备制造业，以及化纤厂、制糖厂、造纸厂等轻型工业企业，使吉林市成为重要的化工、能源、冶金和重型装备制造基地。这一阶段是吉林城市大发展时期。

改革开放以后，随着市场经济的逐步建立完善。计划经济时期遗留的沉重社会包袱，陈旧落后的技术设备，墨守成规的思想意识，使得东北老工业企业在市场经济环境下茫然失措，吉林市也未能幸免。由于国有大型企业数量较多，吉林成为转轨过程中的重灾区，1990年代后经济发展一度陷入低谷，吉林市城市发展较缓慢。步入21世纪，吉林市石化、冶金等重化工业逐渐完成改制，重新焕发了活力，吉林市迎来新的机遇。

（2）演化轨迹

新中国成立后，吉林城市空间扩展迅速。新中国成立初期，吉林市区人口28万，建成区面积24平方公里。1988年，市区人口99万，建成区面积99平方公里。1995年，市区人口137.3万，建成区面积113.66平方公里。2003年，市区人口为140.9万，建成区面积128.68平方公里。

城市经济的发展促进了城市规模的扩大，城市用地限制促使跨江成为城市空间扩展的必然。吉林城市空间形态在新中国成立后经历了快速的发展，其间重要的变革就是确定了跨江发展的城市总体布局。

吉林处于群山夹峙、一水贯穿的盆地中，适于建设的土地有限，加之松花江反"S"形态将市区用地划分成不规则的三部分，因此，城市跨江发展既可向南又可向北，这就使城市发展面临着跨江方向的选择。最早确定吉林城市空间形态跨江发展思想的是1930年由当时政府的市政筹备处编制的规划中提出的（图3-8）。日伪时期掠夺式的殖民经济开发，客观上促进了城市工业发展，在城市北部形成了哈达湾工业区，并跨江在江北建立了电器化学和人造石油两厂，为城市跨江发展打下了一定的基础。新中国成立后，国家重点工业项目的建设是城市跨江发展的直接原因。

江南区处于松花江的上游，与城市中心区隔江而望、交通便利，区位优势明显。改革开放后，随着城市规模扩大，城市建设用地需求强烈，江南自然成为城市空间发展的重点，"一水三区"的城市格局逐渐形成（图3-9）。

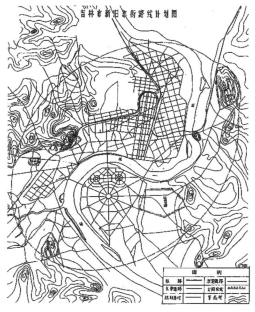

图3-8　1930年吉林城市规划
（资料来源：吉林市城乡建设委员会史志办. 吉林市志·城市规划志（1673—1985）[M]. 吉林市城乡建设委员会，1997.）

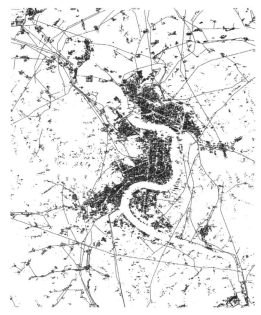

图3-9　吉林城区现状图
（资料来源：吉林市规划局）

（3）江与城关系

这一阶段松花江在吉林城市空间形态的形成和演化过程中起到了重要作用。

①松花江构筑城市用地布局

吉林市沿江而建，江绕城、城环水，市区被松花江自然的分成了江南、市中心、江北三部分，整个市区形成了北部工业区，中部生活区、商业区，南部文化科技区的大体格局（图3-10）。这种分布模式与人类活动对自然资源的开发利用强度及其对松花江生态系统影响的程度有着密切的关系。

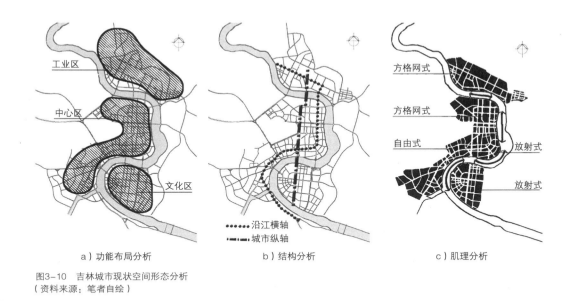

a）功能布局分析　　　　　　b）结构分析　　　　　　c）肌理分析

图3-10　吉林城市现状空间形态分析
（资料来源：笔者自绘）

中部城区作为城市发源地，容纳着居住、商业、服务业、城市公共空间等多种功能，在河南路、东市场一带形成以行政、办公、商务为主的市级中心，作为"一水三区"的城市空间形态的核心区域。

以化工业为主的工业区，对松花江的依赖和影响较大，化工生产需要充足的水源保证，同时生产的污水也需要排放渠道，这种生产活动对自然生态系统的影响巨大，因此被布置于松花江下游、城市下风向，远离城市中心区的江北地区。

改革开放后，土地的差价开始起到了推动城市结构演进的作用，江南区成为城市发展重点。文化、休闲活动对松花江的自然景观、公共开放空间、城市绿地等方面有着强烈的要求。科技产业属于朝阳产业，自然能耗小、污染低。这种活动对城市生态环境的影响较弱，被布置在松花江上游的江南地区。

②松花江塑造城市结构肌理

吉林至今已经有300多年的历史，老城区的街道、建筑发生了很大变化，但是，城市的结构肌理保存的比较完整。受松花江三区五折反"S"形态影响，不同区段的城市肌理呈现不同的特征。以吉林大街为界，西侧古城区域的街坊形状自然生长、大小不一，以东西向狭长的街区为主；吉林大街东侧区域受到现代规划思想的影响，同时受到这一区段松花江近似直线形走向的影响，形成了相对规则统一的街区形态。江北作为功能单一的工业区采用交通便捷的方格网式布局。江南区用地近似半圆形，形成临江的放射状的扇形街区形态。

吉林城市空间形态演变 表3-1

	滨江生成 (1673~1880年)	沿江带状发展		跨江双岸发展	
		(1881~1930年)	(1930~1945年)	(1946~1989年)	(1990~2003年)
城市形态演变					
人口	0.5万~1万	10万	28万	99万	140.9万
面积	2.3km^2	12.2km^2	24km^2	99km^2	128.68km^2
水系功能	造船、演练水师、饮用	工业用水、饮用、水运交通		水力发电、城市景观、工业用水、饮用	
江与城关系	• 促进城市产生、发展 • 对城市结构有一定影响	• 航运功能下降 • 水资源促进城市工业发展 • 河谷地形限定城市形态		• 水利开发为主要功能 • 生态景观功能日益重要 • 水系形态影响城市空间结构、肌理	

近代以来，吉林城市空间结构的主要问题就是没有形成统一高效的道路骨架系统。针对这种情况，1983年的城市总体规划，在老城区原有路网的基础上，形成了横贯东西，沿江而走的解放大道、松江路，整合中心城区，解决了带形城市横向联系的问题。通过扩宽吉林大街，建设跨江桥梁，将吉林大街延伸至江南、江北，形成城市南北主轴线，将被江分割的城区串连起来（图3-10）。

③松花江生态景观资源的开发

吉林市是一座化工城市，松花江作为工业用水来源和污水排放渠道，导致了水系污染，生态环境恶化等问题。松花江河道特别是下游两岸，水质低劣，气味难闻，人们不愿接近，割裂了两岸城区。1990年以来，松花江的生态、景观功能被日益重视起来。在功能分区、土地使用、道路系统、绿化开放空间、山水廊道、建筑界面、城市文脉、环境保护与旅游休闲等方面进行了充分的考虑，建设了由松花江水体、护坡、防护林地、江滩公园60米宽的游览路（30米路面、30米绿化带）所组成的开敞空间，使松花江作为城市生态景观轴线的地位得以突出和加强，成为三岸地区联系的纽带。吉林城市空间形态的重要组成部分——沿江带的形成标志着城市跨江空间形态的成熟。

3.2　哈尔滨——单岸圈层发展

3.2.1　滨江多核生成（1898~1919年）

（1）社会背景

哈尔滨市位于松花江中游，地处松嫩平原的东南缘。哈尔滨地区最早的人类居住点形成于旧石器时代晚期，距今已有两万多年。哈尔滨古城出现在金朝建立前后，当时居民居住区集中在运粮河、何家沟、马家沟和阿什河河流沿岸。近代，由于中东铁路的兴建，哈尔滨作为一座新兴城市迅速产生和发展起来。

从1898年中东铁路动工修建至1920年北京民国政府收回中东铁路附属地主权，成立东省特别区，这段时间是哈尔滨城市初创时期。中日甲午战争后，1896年6月，俄国迫使中国清朝廷签订《中俄御敌互相援助条约》（中俄密约），9月，签订《合办中国东省铁路公司合同》，攫取了筑路和租借铁路附属地的特权[27]。1898年7月，中东铁路工程动工，哈尔滨被选作中东铁路与南部支线建设器材集散、加工中心与工程指挥中心。1899年，铁路工程局编制《松花江新城规划》（南岗西大桥至奋斗路间），形成以铁路管理局、铁路总站（时称"松花江站"）为主的中东铁路管理中心城镇。

（2）城市格局

为避免洪水影响，中东铁路选线在松花江南岸高地之下，这决定了哈尔滨的基本城市形态。"T"形的铁路线将新城区分割成三部分，即南岗、道里和道外，与原有的老哈尔滨（香坊）形成了多核分布的空间格局（图3-11）。

南岗——位于江南高地上的"新城"的建设按照近代城市交通要求，沿南岗高地走势规划城区中轴线——大直街，以这条中央轴线为基准，发散出数条放射状和方格网状道路，形成了一个比较完善的道路系统。

道里——在"新城"建设同时，由于航运的发展，滨江道里地区发展很快。为适应松花江水路运输需求，道里区主要干道都垂

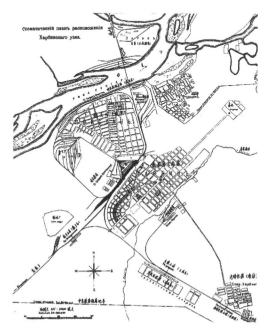

图3-11　1910年哈尔滨城市布局
（资料来源：哈尔滨市城市规划局，哈尔滨市城市规划学会. 哈尔滨印象［M］. 北京：中国建筑工业出版社，2006）

直于松花江，形成了东西方向长，南北方向短的街区形态。同时规划了一条直达松花江岸的斜纹街（经纬街）作为沟通所有垂直于松花江的主要道路，这条斜纹街成为当时道里与南岗之间的唯一通道[28]。

道外——经过1910年和1914年两次洪水，市区松花江河道发生了很大变化。松花江主流流经今九站铁路俱乐部附近处，主流又折向左岸太阳岛，致使道里码头淤浅，不便停靠船舶。1918年，道里码头已失去货运能力。因此，港口码头移到道外八区、三道街、五道街和十二道街。道外区随着航运的发展逐渐繁荣起来。由于道外区不属于铁路附属地，其城市发展没有列入当时的"都市计划"之中，因此，整个地区属于没有规划的自发式建设，道路走向弯曲，疏密失衡、道路宽度参差不齐，建筑布局随机性较强，对外联系很不方便，形成了又一个分隔的区域。

香坊——位于哈尔滨的东南角，也称"老哈尔滨"，是19世纪末以前哈尔滨地方手工业比较集中的区域，也是沙俄登陆哈尔滨的落脚点。在城市建设中心转移到新城区和埠头区以后，该区发展一直很缓慢。

总体上看，哈尔滨早期生成阶段，城市空间发展以铁路为纽带，分区独立发展，形成了一城多镇的空间格局。进入20世纪20年代，随着大批沙俄移民、外侨和关内人口的涌入，城市人口规模急剧扩大。到1920年底，哈尔滨城区人口已达12.4万人，道里区向西南发展，南岗区跨越马家沟向南发展，道外区向东发展，城市分区已见雏形（图3-12）。

（3）江与城关系

中东铁路的修建促进了哈尔滨市的形成，这一点毋庸置疑，但是，松花江水系环境也是哈尔滨城市产生的主导因素之一。如果说中东铁路的修建是哈尔滨产生的外因，那么松花江水域自然环境就是促使城市产生的内因。

①松花江水域环境特点决定了铁路路线设定

中东铁路路线设定决定了哈尔滨的兴起。沙俄在勘定中东铁路路线时，为向南扩充其势力范围，曾经决定将路线南移，但是发现南移路线经过的吉林扶余一带地势低洼，经常发生水患，不利于铁路修建，更不便于现代化城市的建设，而且那里的松花江水浅，航道狭窄，较大船只无法通过。经过反复勘察，工程师们觉得哈尔滨这块地方不论是作为松花江架桥地点还是作为未来城市的建设基地都更为理想——其农业基础、自然资源和航运条件均很优越，可以作为区域中心与远东经贸中心，于是选定哈尔滨地区。可见，哈尔滨地区的优良松花江水系环境条件、自然地理条件为中东铁路转运站的建设提供了基础条件。

②松花江航运促进铁路建设和城市发展

当初，俄国工程师选定松花江江滨为铁路交汇点，并将中东铁路管理局迁于此，就是看中

图3-12　初创时期哈尔滨城市空间演变
（资料来源：笔者自绘）

了松花江的航运能力。松花江哈尔滨段单股的弯道和分叉河段交替排列，平均水深为4~8米，主槽宽达1000米，河道比降为1/20000，比较适于航行。铁路工程所需的建筑器材，都是从哈巴罗夫斯克（伯力）或伊曼起运，溯乌苏里江、黑龙江和松花江运到哈尔滨。光绪二十四年（1898年）至光绪二十八年（1902年）中，运至哈尔滨的筑路器材达65万吨[29]。同时，沙俄又在哈尔滨码头装船运回大豆、小麦等物资。1909~1919年，由松花江运往俄境的粮谷约38万吨。由于码头的物资转运功能，使滨江区商贾云集，促进了城市滨江区形成和城市经济发展。

③松花江河谷形态影响铁路与城市布局

哈尔滨地区的地貌属于河谷冲积平原。松花江南岸地势由两部分构成——河漫滩和河流阶地，紧临松花江的河漫滩低地海拔在116~119米，向南河流阶地的高程在130~160米。铁路最初的选线正是考虑到这一地形条件，沿河漫滩与河流阶地之间的陡坎布局，免受洪水的侵害。新市街布局在陡坎与马家沟之间的高地上，道里是作为码头发展起来的，而道外和太平被圈在铁路附属地之外，与其低洼的地形关系很大。总体上看，松花江河谷地形条件与马家沟河走势决定了城区的划分和城市空间布局（图3-13）。

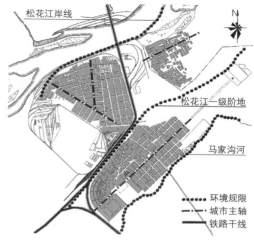

图3-13　自然环境与城市布局的关系
（资料来源：作者自绘）

3.2.2　沿江"T"形发展（1920~1948）

（1）社会背景

1917年，俄国爆发了十月革命，沙皇政府被推翻。1920年，中国政府收回中东铁路和被侵占主权。1926年9月，哈尔滨特别市成立，结束了沙俄残余势力把持哈尔滨市政的局面。这一时期，哈尔滨被多个部门分管：哈尔滨特别市——辖道里、南岗两区；东省特区市政管理局——辖马家沟、顾乡屯、香坊、偏脸子、正阳河以及松花江北岸太阳岛等其余原中东铁路附属地；原滨江县的傅家甸、太平桥等地区于1929年设滨江市，归吉林省管辖。1918~1931年，大约5万俄国难民涌入哈尔滨，外国移民人数也随着增长，大量的外国资本和移民的涌入，将哈尔滨的金融、商业、工业和建筑业又推向一个新的高潮。

1932年，日本占领哈尔滨后，立即着手规划和实施"大哈尔滨都邑计划"（图3-14）。"大哈尔滨都邑计划"以30年为限，在人口40万的基础上增至100万，规划市区用地258平方公里，规划区用地1837平方公里。规划引入欧美新的城市规划理论，采用栅状街网和放射形广场街道相结合的布局。

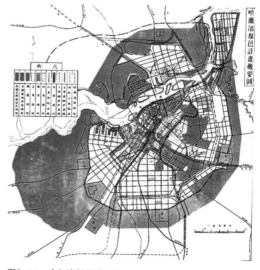

图3-14　哈尔滨都邑计划图
（资料来源：哈尔滨城市建设委员会. 哈尔滨城市建设史[M]. 哈尔滨：黑龙江人民出版社，1995.）

在南岗区王兆屯和道里区新阳路一带规划新的行政中心和商业中心，25公里半径的区域范围为城市规划区域，10公里半径为母市范围，在母市周围布置近2公里宽的绿带，作为控制城市蔓延的屏障。尽管日本帝国主义在哈尔滨制定了庞大的规划，但是由于战争影响，"大哈尔滨都邑计划"的核心内容并未得到真正实施。

（2）演化轨迹

进入1920年代，随着城市人口规模急剧扩大。各区分别突破原有限制，其中道里区向西跨过铁路形成偏脸子的"纳哈罗夫卡"村；南岗保持原有的道路走向和布局形式向西越过铁路、向南跨过马家沟发展；香坊则沿公滨路、中山路向北发展；滨江县以傅家甸（道外）为中心进行城市规划，将阿城县辖圈河、太平桥、三棵树等地16.67平方公里划为滨江商埠区。到1931年，铁路附属地内哈尔滨特别市建成面积为8.33平方公里，其中南岗4.85平方公里、道里3.48平方公里。东省特别区哈尔滨市辖区建成区面积为9.02平方公里。滨江市建成区面积为3.81平方公里。此时哈尔滨市的建成区面积为21平方公里，城区人口达到33.1万。

日伪时期，虽然"大哈尔滨都邑计划"没有实施，但在规划指导下进行的康德路（康安路）、兴满大路（和兴路）、靖国路（和平路）、南直路、大同路（新阳路）、新国街（建国街）、明阳路（公滨路）等道路建设，奠定了城市道路的基本骨架。同时改造铁路，采用当时先进的环形放射道路系统，提高城市的交通运输能力。重工业区与轻工业区得到部分建设。完成了沿江公园、九站公元及霓虹桥桥东圆形广场及一些街头绿地的建设，使沙俄奠定的城市形态得到发展和完善，对以后城市发展影响也很大（图3-15）。1945年，城区面积增至约90平方公里，人口达到76万。

总体上看，这一时期城市形态表现为在原有城市格局基础上蔓延。由于行政区划的逐渐统一，城市不同部分之间相互连接的趋势增强，特别是对城市分隔地带的填充，使建成区连接成一体。但是，区域间受到地形、水系、铁路等要素的分割，相互间联系性较差。随着滨北铁路的建设，出现三棵树飞地，城市形态由紧凑变为松散。

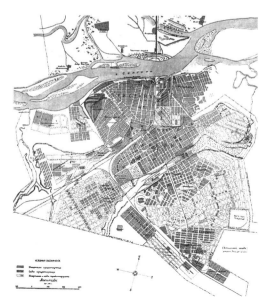

图3-15　1923年哈尔滨规划图
（资料来源：市哈尔滨城市规划局，哈尔滨市城市规划学会.哈尔滨印象［M］. 北京：中国建筑工业出版社，2006.）

（3）江与城关系

①航运引导城市沿江发展

这段时期航运又有较大发展。1918—1925年，哈尔滨出口货物以工业原料、日用杂货为大宗。哈尔滨港进出口量约占黑龙江水系各干流运量的85%以上[31]。1927—1931年，每年平均运量为941571吨。日伪时期，每年货运以煤炭、粮谷、木材为主（表3-2）。哈尔滨港进口的木材多在三棵树码头卸船，再经铁路运往各地。煤炭运输由铁路运至三棵树码头后，再由船舶运往沿江各城镇。粮谷运输多在八区船坞卸船，其中一部分就地加工，大部分通过铁路运往大连转运日本。松花江航运对城区发展的促进主要体现在道外区城市空间扩展。1920年以后，道里区码头因泥沙堆积，迁至道外十二道街。道外码头区日益兴盛。哈尔滨沦陷后，日伪政权统治了黑龙江航运业，垄断了哈尔滨港口码头。港区范围从道外头道街扩展至三棵树码头。道外航运发展，带动城区沿江向下游扩展。

1933—1943年水运局船舶营运情况统计表 表3-2

年度	船舶（艘）	吨位（吨）	营运时间（天）	营业里程（公里）	货运量（万吨）
1933	312	124134	201	3866	66.3
1934	319	120254	200	4820	82.1
1935	317	119495	208	4478	75.5
1936	317	119495	202	4478	84.6
1937	312	117984	207	3753	80.5
1938	310	117999	219	3753	88.5
1939	310	117390		3938	78.2
1940	310	117390		3805	73.3
1941	371	118229		3822	87.3
1942				4056	68.2
1943				3778	87.4

（资料来源：哈尔滨地方志编纂委员会. 哈尔滨市志·航运志[M]. 哈尔滨：黑龙江人民出版社，2000.）

②自然环境规限城市形态

松花江河道、松花江一级阶地、马家沟河将城区划分为三个部分：滨江河漫滩的道里、道外两区，松花江一级阶地与马家沟河之间的南岗区，马家沟河以南的城区。道里、道外两区被夹在松花江和一级阶地之间的河漫滩，只能沿江向两侧发展。南岗区被一级阶地陡坎和马家沟河所限定,虽然马家沟河不宽,但在当时的经济技术条件下,马家沟河依然是一个不小的障碍,导致城区以东西走向的大直街为基准轴向发展。因此,道里、道外、南岗三区整体形态上表现为沿江带状发展。同时,南部的老哈尔滨(香坊区)通过铁路与公路与主城区联系日益紧密,形成南北发展轴,使城市总体形态表现为沿江"T"形结构(图3-16)。

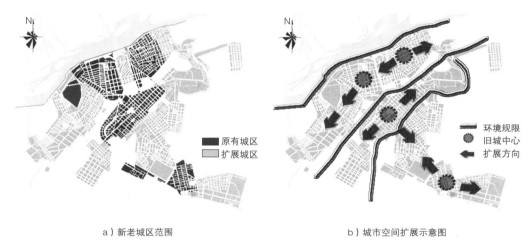

a)新老城区范围   b)城市空间扩展示意图

图3-16 哈尔滨"T"形城市形态分析
(资料来源:作者自绘)

3.2.3 离江环状拓展(1949年至今)

(1)社会背景

新中国成立后,哈尔滨由于地处内陆且邻近苏联,成为全国主要的工业基地之一。在"一五"计划期间,哈尔滨是国家重点建设的城市之一,国家重点基础工业项目中的13项,"抗美援朝"时期"南厂北迁"的16个大中型企业,限额以上项目的29项等工业项目建在了哈尔滨。在变消费城市为生产城市思想指导下,在老城区外缘,建成了动力、香坊、太平、平房等国有大中型企业及以其自有生活区为主的新城区。"二五"计划期间扩大了原有工业区的面积,增加了新的工业小区。总之,这个时期,工业区的建设拓展了哈尔滨的城市发展空间,引导城市向外围扩展,形成了更加明确的功能分区。

改革开放以后,城市发展要求扭转"文革"造成的城市规划荒废、职工住宅紧张、市政公用设施不足的状况,开始大规模的城市改造。加强了路网建设,加强了工业区的规划,加强了棚户区的改造,马家沟机场开始搬迁和规划。1990年代以后,随着城市经济的快速发展，土地市场的开放和住房制度的改革，以及城市经营思想的引入，城市空间以前所未有的速度向外扩展。在市场作用的推动下，位于城市中心地带的工业用地逐步迁往城市边缘地带，让位于第三产业，出现了"土地置换"现象，旧城改造的速度与规模都是空前的。城市空间快速扩张导致了很多问题，比如环境污染、重要交通枢纽压力过大、中心城区拥挤以及新区开发方向不明确等诸多问题。

（2）空间扩展

①松散拓展期

新中国成立初期至"文革"前期，城市空间扩展主要体现为沿主要交通干线延伸。沿大庆路、滨绥铁路线向东南发展形成新香坊工业区，香坊站引铁路专用线的有二九厂、轴承厂、电机厂、森工机械厂、和平糖厂、锅炉厂、汽轮机厂等；沿东部环城铁路修改扩大了三棵树化工区，由三棵树站引铁路专用线的有松江化工厂、氯丁橡胶厂、机器油厂、油漆颜料厂、电石厂、药用玻璃厂、化工机械厂等；沿长滨线铁路向西南发展形成哈西机械工业区。安排机联机械厂、第一机床厂、煤气厂、龙江橡胶厂等；沿学府路向南发展形成文教区。在和兴路、学府路安排师范专科学校（现哈尔滨师范大学）、艺术学校、公安干校、医科大学等文教设施。城市向西南、向东发展迅速，密度较低，发展轴之间含有大片农田，形成了工业包围城市的用地形态，奠定了市区及近郊四个工业点的空间格局。至1965年时，城市建成区规模达到

图3-17　1956年哈尔滨市总体规划图
（资料来源：哈尔滨城市建设委员会. 哈尔滨城市建设史[M]. 哈尔滨：黑龙江人民出版社，1995.）

138.26平方公里，人口达到172万，成为一座特大城市[31]（图3-17）。

②团块状整合期

改革开放以后至80年代末，随着城市中心的复苏，内部吸引力增强，城市外延速度减慢，城市空间的扩展主要集中在城市内部的调整和轴间空地的填充。1978年，为控制城区规模，以"三十六棚"改造一期工程和"十八拐"等棚户区改造为开端，开始按统一规划、综合开发进行旧城改建；以王兆新村建设为标志，开始征用城区"插花农田"进行新区开发。1989年，先锋小区建设，实现了在旧城改造中（北环路两侧拆迁）大面积易地搬迁。同年4月，沈阳空军正式将马家沟飞机场用地移交哈尔滨市，为城区整合发展创造了条件。1990年在围绕城市的环形铁路内，除哈西、学府、原马家沟机场尚

存部分插花地外，其余地区基本连成一片
（图3-18）。至1990年城市建设用地扩大
到158.29平方公里。

③指状扩张期

1990年代以来，随着旧城区内改造余地
越来越少，受大力发展开发区及土地级差效
益的影响，旧城区内的工业及仓储用地逐步
"退二进三"（从二环路以内向城市外围搬
迁），城市加速向外围扩展。在城市西郊建
立"高新技术开发区"，在原马家沟飞机场
发展了"经济技术开发区"，城市的发展方
向明显，向西、向南扩展迅速。随着哈尔滨
向外辐射能力的加强以及对外的社会经济等
联系程度的加深，城市空间形态形成了以中
心城区为核心，沿着哈双南线、哈五公路、
哈阿公路、哈同公路和哈成公路等交通轴线
向周边地区延伸的指状发展空间，表现出离
江发展的趋势。2002城市用地达到211.09平
方公里，较1990年城区面积扩大52.8平方公
里（图3-19）。仅1997至2002年5年间，中
心城区内扩4.92平方公里，外延15.06平方
公里[32]。

（3）江与城关系

①城市形态离江扩展

哈尔滨位于松花江中游，洪水由上游
干、支流汇集而成，洪水流量大，高位洪
水持续时间长，同时哈尔滨城市又临江而
建，因此造成城市水患较多，危害较重。

图3-18　1990年哈尔滨市现状图
（资料来源：哈尔滨城市建设委员会. 哈尔滨城市建设史
[M]. 哈尔滨：黑龙江人民出版社，1995.）

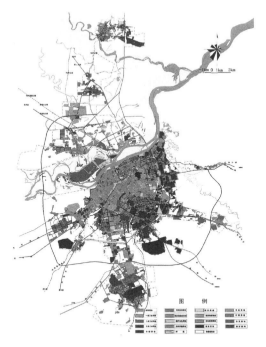

图3-19　2003年哈尔滨市现状图
（资料来源：哈尔滨市规划局. 哈尔滨市总体规划（2004-
2020）（Z））

哈尔滨市道里、道外地势低洼，濒临松花江，很容易受到洪水的威胁。因此，城市初
创时期，主要的铁路线和车站，都选址于南岗一带。新中国成立以后，黑龙江省党政
机关设在南岗，重要的大学、电台、医院多在南岗修建。同时，随着城市规模不断扩

大，城市沿江发展到一定阶段后，受到松花江支流水系的限制，上游的何家沟、下游的阿什河阻碍城市空间进一步沿江扩张。由于受到松花江水系环境限制和洪水威胁，位于广阔平原上的哈尔滨以旧城为中心，以圈层式向平原腹地离江扩张（图3-20）。

②城市扩张干扰水系环境

首先，城市性质由消费性城市转变为重工业生产城市。其次，城市规模急剧扩大。市区人口新中国成立前76万人，至2005年达到398.61万人。由于城市规模扩大，人口

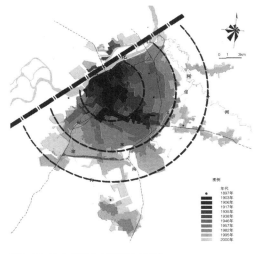

图3-20 哈尔滨城市空间圈层式扩张
（资料来源：作者自绘）

增加，城市性质的转变，工业设施与民用设施的供水要求逐渐增大，在这种情况下，沿江、沿内河形成了大片的工业区。一方面，松花江水系成为城市工业污水和生活污水的排放通道，水体污染严重。另一方面，城市空间扩展破坏自然水文环境。城市扩张以大片不渗水表面代替了自然状态之下的可渗水表面导致水文环境的改变。哈尔滨市中心区建筑密度达到30%~50%，容积率高达4.0以上，人均绿化面积只有6.74平方米，渗水地面比例很小。由于大片不渗水地表和城市快速排水系统的建设，改变了城市径流形成条件，降雨入渗量减少，实际蒸发量减少，地表径流加大，破坏了水系生态系统。

③滨江景观资源的开发

历史上，滨江地带多为工业码头、仓库、货栈、工厂、道路所占据。1936年，道里区松花江沿岸修建了斯大林公园，1963年建成九站公园，1987年又修建顾乡公园。但是随着防洪堤的加高，滨江区的人情味逐渐淡化。20世纪末以来，沿江带生态、景观价值日益得到重视，在土地开发政策指导下，级差地租显现，松花江及其支流沿岸空间逐步得到开发。首先，加强了对工业污水的处理，整治了马家沟河，对道里滨江公园向上游和下游延伸拓展，对太阳岛风景区进行了整治，提升了滨水空间的景观生态价值。其次，对滨江区土地实行"退二进三"政策，如哈尔滨车辆厂、木材加工厂、松花江拖拉机厂等企业的搬迁，将空置下来的土地投放到二级土地市场进行开发建设，充分利用滨江景观优势带动房地产项目的开发，改变了滨江区破旧衰败的景象。但是存在过于关注经济效益，导致滨江空间公共价值、历史文化价值破坏的问题。

哈尔滨城市空间形态演变   表3-3

	多核生成 （1898~1919年）	沿江"T"形发展		离江圈层拓展	
		（1920~1931年）	（1932~1945年）	（1946~1989年）	（1990~2003年）
城市形态 演变					
人口	12.4万	33.1万	76万	244.34万	347万
面积	约10km²	21km²	90km²	158.29km²	293km²
水系功能	渔业、饮用、 灌溉	航运、饮用、休闲娱乐		工业用水、排污渠道、 饮用、城市景观、	
江与 城关系	•松花江水域环境决定铁路路线设定 •松花江航运促进铁路建设和城市发展	•松花江航运引导城市空间沿江发展 •松花江水系环境规限城市形态的		•城市扩展干扰水系环境 •生态景观功能日益重要 •城市空间形态离江扩展	

3.3 佳木斯——单岸带状发展

3.3.1 近江点状生成（1888~1931年）

（1）社会背景

    佳木斯原名"甲母克寺噶珊"、"嘉木寺屯"，为满语，意译为"驿丞村"或"站官屯"[33]。清朝以前佳木斯一带是少数民族聚居地，是位于松花江畔的一个荒凉的小渔村、普通的码头、船站、渡口。1861年（咸丰十一年）后，清朝政府开始对东北解除了封禁政策。为适应这种形势的需要，1888年（光绪十四年）伊兰旗属在佳木斯屯西侧初放街基，官称"东兴镇"，这是佳木斯设立城镇之始。佳木斯自1888年官放街基以来，前二十年发展缓慢。1905年（清光绪三十一年）实行设置调整，三姓副都统改为依兰府，"东兴镇"划归吉林省依兰府管辖。1909年（清宣统元年）再次调整，"东兴镇"划归吉林省桦川县所属。1930年吉林省政府将"东兴镇"正式更名为佳木斯镇。

（2）形成过程

34第一阶段，佳木斯初放街基。1888年所选定的城镇位置在佳木斯驿站码头的西南约1公里处，位于现今佳木斯向阳区西北部与郊区相连接的位置，属于城市中心区的边缘地带。具体范围，西起志强巷东至德祥街，南起西林路北至解放路。原始街基的初始形态为长方形，东西长约1公里，南北长约0.5公里，面积约为0.5平方公里，形成了城镇的基本雏形（图3-21）。

第二阶段，至1917年开始修建城墙，经过三次修整，到1920年全部建成。六个城门南北各两个、东西各一个。具体范围，西起长青路一带东至永平巷，南起长安路北至解放路和近江路。形成的城镇布局近似为长方形，东西长约1.5公里，南北长约1公里，面积达到1.5平方公里，是最初城镇面积的3倍（图3-22）。城市结构以连接城门的主干道路为骨架，在此基础上形成不均衡的正交网格。王家大院位于城镇几何中心位置，其南的西林路作为城内东西向主轴，沿道路两侧形成了福顺恒、同兴合、福顺泰等商家和警察所、商会等城市公共服务设施（图3-23）。

第三阶段，随着城市经济发展、人口增加，城市很快突破城墙的束缚，向东部、南部和北部扩张，并逐渐与北部滨江码头区融合，形成了城墙内规整布局结构和城外自由布局结构相结合的拼贴形式。当时城区位于现在佳木斯向阳区和前进区的北部。具体范围，西起长青路一带东至和平街，南起保卫路北至松花江边。到1931年时，整个城镇东西长约2公里，南北长约1.5公里，面积达到3平方公里（图3-24）。这段时期，城镇空间布局的扩张依然以自由发展为主，形成了以城镇东部码头为中心的港口和仓储区。

（3）江与城市关系

①松花江水系环境主导城市选址

从用地环境看，当时沿江上下游皆为低洼的湿地，而唯城市选址处地势较高。同时，

图3-21 初创时期佳木斯城区示意图
（资料来源：作者自绘）

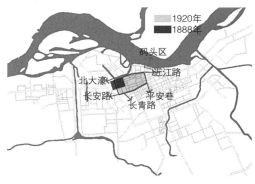

图3-22 1920年佳木斯城区示意图
（资料来源：作者自绘）

图3-23　1920年佳木斯街市图
（资料来源：王洪盛，吴鸿诰编．佳木斯城市发展史［M］．哈尔滨：黑龙江人民出版社，2004．）

由于城市选址于松花江凹岸处，水力作用形成了沿岸江水较深，成为船舶停靠的天然良港。加之近处有音达木河河口和北面的低山丘陵作为标志，因此在此设置驿站是一个理想选择。为了避免松花江洪水危害，最初城镇并不临江，并且考虑到平原两侧的音达木河与英格吐河洪水影响，将初始的街基位置选定在了两河之间的西南向的地势较高地区。

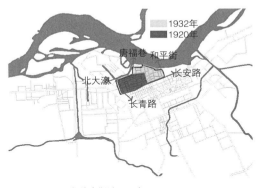

图3-24　1930年佳木斯城区示意图
（资料来源：笔者自绘）

②滨江码头引导城市空间扩展

在1900年庚子赔款以后，俄国轮船在松花江上通航，上达哈尔滨，下通黑龙江上下游，佳木斯也成为三姓与富锦之间的重要港口。利用具有天然港的优势，依托三江平原土地开发的机遇，佳木斯商户与丹麦、比利时的买办进行粮谷贸易，经水路运往哈尔滨再经铁路转运出口[34]。佳木斯在1920年代已是松花江下游较有名气的内河港口。年进出口的粮食、杂货、食盐、煤炭、木材等货物总量在15万吨以上。随着航运的发展，港口的地位在城市中日益重要，城市空间逐渐向码头方向发展。

3.3.2 离江团块状扩张（1932~1948年）

（1）社会背景

日军占领佳木斯后，日伪政权要将佳木斯建设成伪满东北部地区的政治、经济、文化中心、交通枢纽和军事战略要地。1934年，佳木斯镇划归伪三江省桦川县，但其省公署设立于佳木斯镇。1937年12月1日佳木斯市公署正式成立，并成为伪三江省的省会，佳木斯正式建市。

为了便于掠夺自然资源，日伪政权还修建了三条铁路线，以提升佳木斯地区的通达性。为了能更稳固的统治东北地区和同化地方居民，制定了庞大"满蒙移民计划"，使佳木斯的人口激增。日伪政权的掠夺，间接促进了佳木斯城市经济发展。依托于独特的地理优势和周边的自然资源优势，佳木斯成为本地区自然资源的输出基地，工业也得到了一定的发展。自然资源的开采、初加工和运输成为佳木斯经济发展的主要动力，奠定了其三江地区商贸中心、物资转运中心和农产品及矿物初加工中心的地位。

（2）城市形态

日伪时期，由于佳木斯成为伪三江省的省会，城市进入快速空间扩张时期。1937年，伪满政府编制了佳木斯历史上第一次正式的城市规划——《佳木斯都邑计划》[34]（图3-25）。因为铁路线的介入使城市的扩张方向发生了重大的转变，空间布局在城市规划的引导下，以原城址为基础、以铁路线和松花江所围合的范围为边界，向东部、南部和西北部进行满铺式发展，形成了带有西方城市规划色彩的空间布局。到1945年时，建成区主要位于铁路与松花江所围合的区域内，面积将近15平方公里，达到占领前的5倍（图3-26）。

图3-25　1937年佳木斯都邑计划
（资料来源：王洪盛，吴鸿诰编. 佳木斯城市发展史［M］.
哈尔滨：黑龙江人民出版社，2004.）

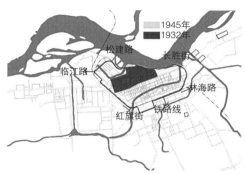

图3-26　1945年佳木斯城区示意图
（资料来源：作者自绘）

城市空间结构以长安街为分界线，北侧为旧市街，南侧为新市街。新市街以火车站为中心，火车站南北两侧设有站前广场，道路由广场向外放射，主干道为环形与放射式干道连接成网络结构；次干道及街坊道路以方格网为主。新市街分成六个功能区：城镇中心的官署区；车站广场至旧城南门之间的商业区；今德祥街以西的学校区；今中山街以西的居住区；位于市街以东，车站附近的工业区；平康里、中央市场附近的娱乐区[35]。

在扩建新区同时，规划还对老城区进行改造。拆除老城城墙，对老城区主要道路进行调整：将南城门的文久街、东南城门的德祥街以及通江街以南的道路合并拓宽，并向南延伸融入城区南部的路网结构中，形成城市西部干道；将东城门外的中山街向南延伸至站前路，连接新城区和码头；将南城墙外断头路连通，并向东延伸形成长安路，成为新老城区的边界。

日伪时期城市空间结构是现代佳木斯城市形态的雏形，构成了佳木斯现在中心区道路的基础（图3-27）。

图3-27　1945年佳木斯街市图
（资料来源：佳木斯市规划局）

（3）江与城关系

①地缘优势使城市突变式发展

佳木斯由一个边陲小镇在短短十几年中发展为伪满三江省省会，有以下几点原因：一是地理位置适中。松花江在省境内穿过，这些县大部分分布在松花江两岸。而佳木斯就坐落在北满中心城市哈尔滨到东北边境抚远县之间的松花江岸旁，位置居中，有利于管理控制。二是交通方便。佳木斯堪称松花江第一良港，新修建的图佳铁路，可以把三江地区的物资直接运到南满和朝鲜，便于日本的掠夺。三是军事战略需要。佳木斯位于三江平原的咽喉位置，可控制东边乌苏里江、北边黑龙江1000多公里的国境线，是巩固边防，对抗苏联的军事战略要地。比较之下，原本是地区首府的依兰县由于地理位置不佳，受到水患的影响而没落。

②航运与路运结合促进城市发展

铁路运输的便捷性加大了佳木斯的物资转运量，促进了松花江航运发展。在图佳、绥佳铁路建成后，松花江下游、黑龙江和乌苏里江进出口货物大多经佳木斯港中转。货物中转量超过哈尔滨，一跃成为松花江最大中转港。1937，扩建了新式的长达456米的直立式钢板桩码头。铁路线也直接铺设到码头区，使自然发展起来的码头区成为效率更高的港口区。当时的泊位容量达到15艘800吨级货船，年装卸量在1938年时货运量达到144万吨，年运客量达到54万人次。客运和货运总量分别占到当时黑龙江水运总量的20%和70%左右。港口区形成同时也带动了城市东部近江地区仓储业的繁荣，佳木斯现今港口和粮库都是在此基础上发展起来的。

③城市空间形态表现为离江扩张

首先，防洪是佳木斯城市扩展要考虑的前提条件，在当时防洪能力有限的情况下，保持与松花江一定距离是避免水灾的简单可行方式。从当时城市布局上可以发现，新规划的街市全部位于老城区以南，重要的市政管理部门位于南部新城区内，临江区为码头仓储设施用地，城市中心远离沿江地带。其次，虽然航运获得了长足发展，但是由于绥佳线铁路交通运输的迅速发展，火车站成为城市发展的新生长点，引导城市离江扩张。从实际建成区域看，新城区结构以火车站为中心，向北部滨江地带呈放射状展开，其中滨江码头与火车站连线构成了新街市的中轴；新老城区交界处的长安路成为城市的东西向横轴，城市整体形态离江扩张的趋势已经形成（图3-28）。

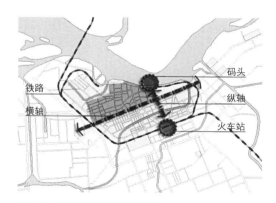

图3-28　佳木斯城市空间扩展分析
（资料来源：笔者自绘）

3.3.3　沿江带状发展（1949年至今）

（1）社会背景

新中国成立初期，佳木斯市由于地处黑龙江省东北部，远离朝鲜战争战区，成为辽宁地区大型企业理想的迁移地。沈阳的东北电器六厂迁移至佳木斯市，成为佳木斯首个新建的国有大型企业。同年，苏联及东欧国家决定对中国进行大规模的经济援助。苏联援建的佳木斯造纸厂（包括铜网厂）和波兰援建的友谊糖厂，期间还建成了木材加工厂和拖拉机配件厂，再加上已有的电机厂、农机厂、纺织厂和发电厂，构成了佳木斯早期的经济支柱"八大厂"[35]。城市经济在十年间快速发展，为城市空间快速发展提供了契机。

改革开放后，佳木斯处于由计划经济向市场经济的转型期，经济发展总体呈上升状态，但一度出现较大波动。工业在中期出现下滑后逐步回升，但发展速度仍缓慢，部分企业仍存在亏损现象，后期第三产业发展迅速。产业结构的转变，通过1981年和1992年的两次城市总规制定的目标中可以看出。城市性质由初期的以食品、轻纺、机械和建材为主的工业城市调整为以农副产品加工为重点、轻工业为主导的内陆口岸开放城市。

（2）演化轨迹

新中国成立后随着大量工厂企业的建设和人口的增加，对工业用地和居住用地需求的提高，在1960年制定了新中国成立后的第一次城市规划。虽然佳木斯的城市空间布局发展大体上按照规划中的方向进行整合，但没有形成规划构想的单一中心封闭式空间布局形态，而是向多中心分散式方向发展。以东部工业区和西部工业区的城市两翼为主，西北部工业区、东南部工业区和南部科教医疗区为辅，向五个方向扩张（图3-29）。至1965年时，城市建成面积已达到30.1平方公里，较之新中国成立前增长1倍。

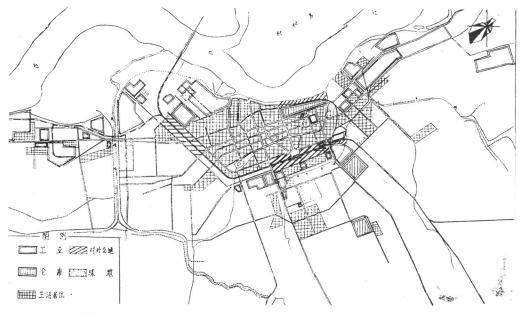

图3-29　1960年佳木斯城市现状图
（资料来源：年佳木斯市规划局）

改革开放后城市建设逐渐复苏，城市发展回到了正常的轨道上。在1981年，1992年，2003年进行了三次城市总体规划编制工作，制定了带形城市沿江发展的模式。但因为1980年代之前所形成的城市空间布局总体形态上的分散性和不连贯性。使得此阶段的城市空间布局发展基本上主要体现在对带形布局形态的完善和填补过程，主要是对东部和西部工业区以及南部科教、医疗区的空间布局进行整合（图3-30）。到1990年时，城市建成面积达到41.3平方公里；至2000年时，建成面积达到52平方公里[35]。10年间，城市面积平均增长速度约为每年1.1平方公里，与沿海发达地区城市和省会哈尔滨相比发展缓慢。

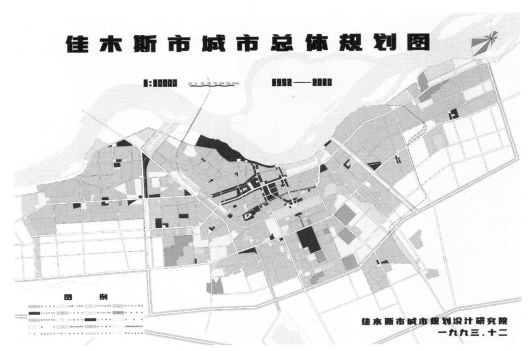

图3-30　佳木斯市城市总体规划（1992—2010）
（资料来源：佳木斯市城市规划设计研究院. 佳木斯市城市总体规划修编说明1992—2010.内部资料，1992.）

（3）城市形态

新中国成立后，佳木斯逐渐发展为一城三区的带状城市结构（图3-31）。

东部工业区位于城市东部约4公里处，除靠近松花江可以满足用水量大的企业需要之外，还临近市中心以东约8公里的飞机场，佳木斯发电厂原来就设在这里。"一五"期间国家重点工程——佳木斯造纸厂，仅此一厂就占地近200公顷，设有自备电站，还有配套的住宅楼群、商店、学校等，构成了东工业区生活服务独立小中心。

西部工业区的有利条件，首先是依傍松花江充沛的水源；其次是可以利用日伪时期遗留下

来的、由西佳木斯火车站引出的一条铁路专用
线；再次，从区位上看临近省城哈尔滨，有佳
木斯通往伊兰的公路通过。因此，日伪时期佳
木斯纺织厂就安排在这里。"一五"期间，又
在佳纺之西，距市中心9公里处，建设黑龙江
友谊糖厂。其后相继在佳依公路两侧，建设了
一批中小企业，因而形成了西工业区。佳纺、
糖厂两大企业，都有家属生活区，备有中小
学、俱乐部、商店等公共设施。

图3-31　佳木斯城市功能分区
（资料来源：作者自绘）

中心组团为老城区。随着城市空间的扩展，作为日伪时期老城与新城分界线的长安路开
始向东发展连接东部工业区，向西与友谊路共同组成了城市新的横向轴线。通过这条东西向
横轴的联系，三个城市组团被串联起来。南北轴线仍然是中山街，向南继续延伸穿过中华街
至南部低山区边缘。和平街由于形成时已经受到火车站的限制，只是城市平面构图形式上的
中轴线。总体上看，由于地形限制和城市的外延发展的需要，城市结构以长安路和友谊路为
横轴、中山街为纵轴形成偏心十字结构发展体系。

（4）江与城关系

①地理环境限定城市空间形态

佳木斯市由南向北地形呈南高北低之
势，城市可建设用地集中在南部山岗与北部
松花江所夹的条带形区域内。从佳木斯城市
空间发展的近江生成、面江发展、离江扩张
的几个阶段看，当城市规模较小时，受地形
限制较小；但当城市自由扩张到一定规模之
后，受到地理地形影响，在松花江与南部山
地丘陵的限制下，城市只能沿松花江河谷带
形发展（图3-32）。

②工业发展引导城市沿江发展

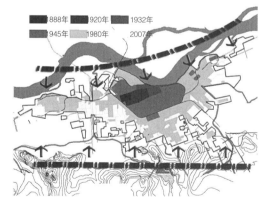

图3-32　环境规限与城市空间形态演变
（资料来源：笔者自绘）

新中国成立初期，大型厂区的建立引导了城市空间扩展。建立和发展大型的造纸厂、制
糖和纺织印染工业，都需要大量的工业用水，这是必不可少的条件，因此，使得这些大型工
厂都临江建设。另外，松花江也是运送原材料的良好通道，可通过干支流水系直接发送木排
和船舶，将上游方正、通河等林区原木流送或托运到佳木斯沿江地区。可以说工业用水需求

也是促进城市空间沿江带状发展的影响因素之一。

③松花江景观资源得到重视

新中国成立后滨江开放空间的景观价值受到重视。码头仓储用地移至下游，为城市居民提供了滨江开放空间，沿江公园和柳树岛风景区、杏林湖公园、四丰山风景区在此条件下形成。这些公园、景区大都形成于50年代末，提升了城市景观，丰富了市民生活。90年代以后，随着人们生活水平提高，休闲旅游意识增强，滨江景观资源又获得进一步开发，如老沿江公园是1958年修建松花江正面永久性堤坝时修建的，1999年政府为了增加绿化面积并为市民提供更广阔休闲娱乐的场所而建设外滩公园，沿江公园面积扩大为26.7万平方米，全长3.32公里，形成了一个环境幽雅、景色优美、开放式的文化娱乐公园。

佳木斯城市空间形态演变　　　　　　　　　　　　　　　　　　　　　　　表3-4

		城市形态演变过程	人口	面积（平方公里）	水系功能	江与城关系
点状生成	（1888~1920年）		0.35万	1.5	饮用、渔业、灌溉、航运	• 松花江水系环境主导城市选址 • 滨江码头引导城市空间扩展
	（1821~1931年）		0.91万	3		
离江扩张	（1931~1945年）		8.26万	15	航运、饮用、灌溉	• 航运与路运结合促进城市发展 • 城市空间形态表现为离江扩张
沿江发展	（1946~1979年）		48.2万	30.1	工业用水、排污渠道、城市景观	• 地理环境限定城市空间形态 • 工业发展引导城市沿江发展 • 松花江景观资源得到重视
	（1980~2000年）		85.99万	52		

3.4　典型城市依江演化的规律

3.4.1　水系利用价值的演替性

随着社会经济的进步，城市生产力水平的提高，人们观念的转变，河流的功能也在不断地变化。从松花江流域典型城市看，在不同社会发展阶段，城市水系的主要利用方式具有演替性的特征：城市工业化以前和工业化初期以航运功能为主；城市工业化时期以工业利用为主；现在是以生态景观功能的复合利用为主。城市中人与河关系经历了"顺应依存"——"控制征服"——"和谐共处"三个阶段，城市水系的利用体现为从被动到主动、从盲目到科学、从自发到自觉的演进过程。

（1）航运功能价值

城市的正常运行离不开良好的洁净水供应以及雨水和污水排放的系统，早期城市在没有先进的工程技术的情况下，依靠天然河流很好地解决这一问题。人们在河道中取水，将城市废水排入河中，河流水系成为城市新陈代谢的通道。我国春秋时期的管子在所著《管子》一书提出到了城市建设的原则，在其《管子·度地篇》指出："圣人之处国者，必于不倾之地，而择地形之肥饶者，乡山左右，经水若泽。内为落渠之写，因大川而注焉。[36]"反映我国古代顺乎自然、因地制宜的建城思想。松花江流域城市初建时期，人类改造自然的能力还很弱小，人与自然的和谐本质上具有被动适应自然生态规律的性质，城与水主要是一种自发的依存关系。除了作为水源外，河流对于早期城市最主要的作用就是运输功能。

吉林初创时期，在松花江岸边设立造船厂，建立水师，运送粮食，通过航运连通松花江重要城镇，为抵御沙俄侵略起到重要作用，同时也使城市获得较大发展，成为"边外七镇"之首；哈尔滨初创时期，松花江航运为中东铁路建设输送了大量的器材，其后与铁路联运加强了城市与外部的物质交流，促进了城市发展；佳木斯由于依靠天然良港而迅速崛起，在日伪时期一跃成为松花江上第一大港。可以看出，在松花江流域大规模工业化建设以前，城市是以农业中心地城镇和交通转运功能为主的城市，城市与松花江之间关系密切，沿江地区是城市空间发展的重点，沿岸近江地区通常是物资集散、商业闹市、游憩集会之地。由于城市规模小、发展缓慢，依靠水体本身所具有的自净功能，保证了这种自然的发展状态。总的来说，这一时期的城市与河流是和谐共处的，河流多以自然状态从城市流过，城市水系功能价值主要体现为航运价值。

（2）工业利用价值

新中国成立后，由于自然资源丰富的地理优势、临近苏联的区位优势、日伪时期建设的历史优势，松花江流域城市成为国家工业建设的重心。流域典型城市获得了较大发展，城市性质由区域商业中心、交通中心向工业中心转化，由消费型城市转变为生产型城市，工业建设成为城市发展的主导力量。由于交通技术的发展，河流不再是主要的运输通道，铁路成为城市主要的交通运输工具。哈尔滨港、佳木斯港的客货运量，在新中国成立初期大幅回升之后，就逐年下降。同时，由于水利的发展，河道的航运能力下降，如吉林上游丰满水电站的建立，使得吉林松花江的航运功能基本消失。

这一阶段，松花江的工业利用价值凸现。松花江充沛的水资源，促进临水工业的建立与发展，如吉林的造纸厂、化工厂，哈尔滨的化工企业，佳木斯的造纸、制糖、纺织等工业企业都是沿江建设的。城市工业用地大都分布于松花江干支流沿岸地区，松花江水系成为城市工业污水的排放渠道。哈尔滨的马家沟、何家沟、信义沟成为两侧工业企业污水排放的天然通道。佳木斯城内天然水系也同样如此。

由于城市规模急剧膨胀，城市生产方式的改变，城市河流地区遇到前所未有的生态危机：城市废物排量剧增，河流成为最便捷的排水沟；河流自然环境被破坏，水生生物与植物锐减；工业用水和生活用水量激增，地下水被超量开采，使城市地下水位下降、河水减少等。同时，在思想观念上，人们企图通过工程技术手段控制河流，使其最大限度满足人们的要求，对自然水系进行大刀阔斧的改造，造成了水系生态环境的严重破坏。

（3）生态复合价值

20世纪末，随着城市生态环境的日益恶化和人们生态意识的日益提高，城市河流利用价值取向再度深刻转变。随着产业结构调整和生态意识提高，"生态城市"和"生态社会"概念的提出，人们开始反思城市与水系关系。逐渐认识到以人为主体的城市系统是河流自然生态系统的组成部分，城市系统的发展必须依托于水系生态系统。人们对河流作用的认识不仅局限于满足城市的基本需求，更强调它的生态价值及其带来的经济"外部效益"和社会"文化效应"。这种价值观的核心在于：突出强调在改造水体的过程中要保持水域的生态平衡，要尊重和保护水域环境，不能以牺牲环境为代价取得暂时的发展[37]。把城市与水系的关系建立在生态良性循环和经济良性循环有机统一的观点上。另一方面，"回归自然"的审美潮流深入人心，人们普遍摈弃了工业时代早期对机器美学的迷恋，转而从大自然中吸取灵感。许多城市新区的建设中，在视觉上强调与自然地形地貌的融合，形成有特色的自然景观。

在城市中运用规划手段设计适宜的开放空间，创建良好的人居环境成为城市职能部门的首选，滨水开放空间作为最具生态价值的城市空间形态更是成为重中之重。与此同时，城市居民自我支配时间的增加以及日常工作学习压力的增大，使人们对于开放空间的需求日益高涨。滨水开放空间因其自身的生态和游憩休闲的潜能得到充分的开发，而备受人们的关注。

通过大力宣传河流生态系统对城市发展的重要意义，规划滨河绿地系统、建立湿地保护区，完善步道系统等措施，使河流生态保护达到一个新的台阶，如吉林滨江区重建，哈尔滨、佳木斯滨江区扩展等。但是，从典型城市建设活动来看，虽然城市水系的生态复合价值正在被人们所接受和认可，但是在实际操作中，由于对于滨水地区土地开发经济价值的过分关注，导致了滨水地区生态价值、文化价值破坏的情况也时有发生。因此，把城市发展、人居环境改善建立在水域生态系统的良性循环基础之上的城市水系复合价值开发还只是刚刚起步。

3.4.2 城市形态演变的阶段性

城市发展是连续不断的过程，但是从松花江流域典型城市发展的历程来看，城市空间形态的演变呈现出与河流时而亲密、时而疏远的关系，表现出相对明显的阶段性规律特征。

（1）影响因素

①水系自然环境因素

影响城市形态的松花江水系自然环境因素包括：河谷地形、水系形态、洪水危害程度等。在城市建立初期，城市规模较小，城市为紧凑的团块状，城市形态受到地形条件、水系形态的限制较小，城市与水系处于依附关系之中，洪水危害对城市位置的选择有较大影响，城市往往与江水保持一定距离。随着松花江水系开发利用，城市逐渐扩展到滨江地区，并沿水域轴横向生长，城市空间结构和城市肌理受到水系形态的影响。随着城市规模的进一步扩大，松花江水系和河谷地形成为阻碍城市空间自由扩张的限制因素，也因此形成了不同自然环境下城市形态的差异。

②水系功能利用因素

在城市发展的不同阶段人们对城市水系的利用方式不同。早期城市水系利用主要体现为生活用水、渔业、航运等方面，特别是航运发展引导了城市近江发展和沿江发展。1950年代以后的工业发展，使得松花江水系功能主要以工业用水和提供排污渠道为主，虽然城市的工业区临水布置，但水系生态环境的破坏，实际上阻止了人们的亲水活动，城市内河沿岸地区变成了城市阴暗角落。1990年代以来，人们重新认识到水系的生态景观价值，随着城市水系环境的改造，滨江地区成为城市土地升值最快的地区，引导滨江旧区的开发和新区的建设。

③城市空间自组织发展因素

城市空间发展有其自身的规律，这是影响松花江流域典型城市形态扩展的重要原因。有学者认为，从城市空间结构演化的角度来看，城市形态扩展的过程遵循"地域分异规律"、"空间渐进推移规律"、"空间充填规律"，以及"城市——区域空间演化规律"，并将我国城市空间增长形态特征总结为圈层式、飞地式、轴向充填式、带形扩展式等几种类型[38]。段进在《城市空间发展论》一书中提到城市空间的生长过程包括九个基本阶段：生长点的产生、散布；生长轴的形成、伸展；圈域形成、界定；整体扩展；整体分化；核心产生；新生长点产生、散布；新圈域产生、扩展融合、分化；新核心产生[39]。武进将这一过程归纳为以下四个阶段：旧的形态与新的功能发生矛盾或不适应，从而形成城市演变的内应力；旧的形态逐步瓦解，大量的新结构要素从原有形态中游离出来；新的形态在旧的形态尚未解体时就已发展成为一种潜在的形式，并不断吸收这些游离出来的新要素，此时城市空间结构呈现混沌现象，这是新旧形态相互叠加，相互影响的表现；新的形态不断发展，最后取代旧的形态而占据主导地位，并与新的功能重新建立适应性关系。

分析这些研究成果，我们可以得出以下结论：如果一个位于均质地域环境中的城市自然生长，那么它的扩张方式是以最初的城市落脚点为基点，沿主要交通轴轴向扩展，然后再进行轴间内部填充，以老城为中心圈层式扩张，直到城市中心的服务半径功能不足以达到城市最远边界时，新的城市中心将产生。这一过程具有明显的阶段性特征。

④流域社会发展因素

松花江流域城市由于边疆后发性的特点，城市发展受国际关系、国家政策等外部因素影响强烈。从典型城市的发展历程来看，城市发展的几个主要时期是：清末民初中东铁路建立以后的突变发展；日伪时期城市规模的扩张；新中国成立初期城市转型与大发展；改革开放后城市建设恢复与城市土地资本开发。社会经济发展的阶段性是城市空间形态演变阶段性的内在动力，虽然城市空间形态变化相比社会经济转变具有一定的滞后性，但是受社会变革的影响城市空间形态演变的阶段性特征还是较为明显。

（2）阶段划分

综合松花江流域典型城市的发展历程，其城市形态演变可以分为滨江生成、沿江发展、形态分异三个阶段。

①滨江生成

就松花江流域典型城市产生的时期看，吉林产生于清初，哈尔滨、佳木斯产生于清末，在区域陆路交通不发达的情况下，松花江航运作为一种重要的交通运输方式，对城市的初期选址和形态产生重要影响。三个城市都是选址于滨江或近江区域。城市面积小、人口增长缓慢、各种功能用地混杂、地域分化程度低。城市形态受地形等自然条件的影响并不明显，其布局虽有沿河发展的倾向，但轴向发展趋势不强。城市紧凑度、集聚度较高，布局相对严谨，城市呈方形、长方形等相对规整的团块状形态。

②沿江发展

近代以来，松花江流域受到封禁的解除、大规模移民放荒垦殖、中东铁路的修建、外来文化强势进入等多种因素综合作用引发了区域社会环境的突变，从而促使城市空间快速发展。随着中东铁路及其各支线的建成通车，铁路运输能力逐渐增强，但是在初期铁路对航运没有产生抵制作用，反而促进了航运的发展。这是因为日俄侵略者往往将港口作为中转站，与铁路运输联合将物资运至国外。在工商业化与殖民化同时进行的情况下，对松花江流域资源的掠夺，促进了航运发展，使滨江地区发展为城市仓储用地、工业用地和商贾汇集之所，成为城市经济发展最为活跃的地区之一。

城市水系作为城市的发展轴，决定了城市的整体形态。城市伸展轴是以城市为中心，呈放射状分布在城市周围。滨江城市由于受到滨江岸线航运功能的吸引，使得沿江方向成为引导城市发展的主要伸展轴。城市交通网络与城市用地开发相互作用，促进了城市沿江带形发展。具体表现为：吉林以古城为中心向上游和下游扩展，哈尔滨道里、道外两区沿江伸展，佳木斯以码头与老城的连线为基准泛化为沿江带状城市。这一时期，由于发展速度过快，城市结构较为松散，均质程度也较差。从城市结构肌理上看表现为老城区自由形态的城市肌理，与新城区方格网式城市肌理的对比和差异，城市肌理结构处于一种松散的拼贴状态。

③形态分异

新中国成立后，随着"一五"和"二五"时期的大规模工业建设的展开，城市性质发生了转变，由商业消费为主的城市转变为工业生产为主的城市。随着铁路网络日益完善，运载能力的逐步提高，松花江航运功能进一步下降，水系功能主要表现为工业生产服务，提供工业用水和排污渠道。

从城市空间的自组织发展来看，城市伸展轴的延伸并不是无限的，它与城市的扩张速度之间存在一种相互制约的关系，当城市沿伸展轴向外伸展到一定程度时，轴向发展的经济效益将抵御横向发展的经济效益，城市扩展便开始集中在城市内的调整和轴间空地的填充，城市形态也转向"块状"。出于交往活动的需要、可达性的制约、规模效益的要求以及城市中心传统的象征性和吸引力等多种因素的综合作用，决定了典型城市在沿水系轴向扩张到一定程度后，必然由沿河流向外的"线"性发展转为向心横向扩张，在接近城市中心部位向纵深发展。但是，由于受到松花江河谷自然环境条件的影响，典型城市空间的发展轨迹出现分异。

吉林市位于松花江上游河谷盆地，城市空间扩展受松花江水系形态和地形影响较大，沿江带形城市空间扩展遇到瓶颈，因此突破自然环境规限是城市空间扩展的出路。松花江宽度适中，形态弯曲，河道稳定，成为易于突破的障碍，城市形态表现为跨江双岸发展。

哈尔滨位于松花江中游平原河网地带，只有北部受到松花江的限制较大，因此城市空间形态以老城区位核型，沿着主要交通干线，呈半圆形圈层式扩张。

佳木斯位于松花江下游低山丘陵河谷地带，沿江单侧用地受到地面坡度的影响，无法提供足够的城市扩展用地，城市横向扩张受到阻碍。但是由于位于松花江下游，江面较宽，洪水威胁大，跨江发展的阻力很大，因此，促使城市只能继续沿江发展，但是由于沿江轴向过长，超出了城市中心的服务半径，城市的次中心也相应产生。

随着区域经济发展和城市空间发展的内在需求增强，松花江水系生态景观价值凸显，城市滨水区域将会成为城市土地开发建设的重点，城市与水系自然环境的契合程度将会进一步提高，城市形态发展会进入新的阶段。

典型城市依江演变的阶段模式   表3-5

	滨江产生阶段	沿江发展阶段	形态分异阶段
	形态紧凑，呈团块状	以江为轴，结构松散	城市形态受地形影响
吉林			
哈尔滨			
佳木斯			

注：▨ 城区，▧ 扩展城区，▭ 松花江，----- 铁路

3.4.3 城市空间发展的同构性

河流作为城市的发源地，对城市空间结构的形成有着重要的作用，河流形态、利用方式以及水文状况等都影响着城市空间结构的形成，同时，随着人类改造自然能力的提高以及河流自然条件的改变，城市空间结构与河流形态又呈动态发展的状态。对比典型城市发展演变过程可以发现，由于松花江一以贯之的生态、景观、航运等功能的影响，使得典型城市空间形态的发展演变上表现出一些相似的特征。

（1）初始据点的区位选择

对比三座典型城市初始据点的区位选择，我们可以发现一些共同点，即都是选址于松花江河道凹岸处。吉林古城位于松花江上游三曲五折北岸凹处；哈尔滨市初建时，道里、道外两区也主要位于松花江凹岸处；佳木斯城市最初选址也靠近松花江凹岸处。这与中国传统城市选址理论所说的："水抱边可寻地，水反边不可下"正好相反，也与我国南方一些滨江、滨河城市如重庆、武汉等，选址于河道凸岸处大不相同。分析其原因主要是由于松花江水系环境的自然特点所决定的（图3-33）。

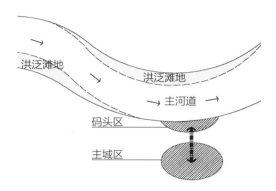

图3-33　典型城市初始据点选择示意图
（资料来源：笔者自绘）

中国传统城市选址理论认为城市应当选择于水抱流之处，除了风水思想的影响之外，主要是考虑"避水"——主动避让洪水的洪道。因为在自然地理中，水抱流的地方也是洪泛滩地水土肥沃之所，而水弓之处则是易于受洪水冲蚀之地。但是，松花江流域典型城市的产生与航运关系密切，而松花江干流水量波动向较大，水系形态摆动也较大。在水量少的时候，由于水流作用河道贴近凹岸处，泥沙淤积少，适于建港。相反，凸岸处水流缓，多为洪泛滩地，不断有泥沙淤积成陆，水量少时，河道远离河岸，不利于码头建设和航运。这与南方水系如长江、珠江水量充沛的情况大不相同。因此，典型城市选址于松花江凹岸处，主要是针对松花江水系的自然环境特点，考虑航运的发展，为设置港口和码头而确定的。

典型城市早期的防洪措施主要是"避"。由于这些城市选址于松花江凹岸处，受洪水的威胁就比较大，因此典型城市的中心区都与江保持一定距离。如吉林、佳木斯的老城区都距江岸有一定距离，哈尔滨初建时中东铁路局等重要机构也是位于南岗之上。只是由于城市发展的趋水性以及工程性防洪能力的不断提高，城市由近江发展为滨江。同时，城市建设初期，沿江凸岸地区都作为洪泛滩地被空置出来。现代生态城市理念所倡导的非工程措施防洪理念，很重要一点就是保证一定宽度的河流廊道，避免城市侵占洪泛区，将凸岸地区保留下来，作为生态湿地也可起到调蓄洪水，提高河道生态功效的作用。可见，典型城市选址原则与现代河流生态保护观念暗合。

（2）城市空间的轴向扩展

从典型城市空间结构演变过程来看，城市空间沿"十字"主轴轴向生长的结构特征非常明显，这种结构特征不是仅存在特定时期内，而是在历史过程中，不断地得到强化。

吉林市古城以北大街为城市纵轴，以西大街为城市横轴。其后，受松花江形态的影响，城区形成跨江三区分布的格局，城市轴线不能单纯按平行于江或垂直于江简单划分，但是从城市的整体格局上仍然可以分为沿江蜿蜒的横轴和南北串联的纵轴。具体来说：解放路向南延伸至农林路、瑗大公路，向北跨清源大桥、清源路延伸是至遵义路构成了城市沿江横轴；以吉林大街为主形成了城市的纵轴（图3-34）。

哈尔滨初创时期，城市布局以沿着松花江一级阶地上的高岗而形成的大直街为横轴；以经纬街、红军街为联系道里区、南岗区的纵轴，构成了城市最早的"十字"发展轴向结构。此后哈尔滨城市规模不断扩大，但城市的结构并没有发生根本的改变，一直是沿着这两条主轴延伸发展：垂直于江的纵轴由北起松花江畔的中央大街、经纬街、霁虹桥、红军街、中山路组成；平行于江的横轴由东西大直街及学府路、南通大街、东直路组成，两条主轴线相交于博物馆广场（图3-35）。

佳木斯老城区以西林路（原正大街，又名中央大街）为横轴，西起西城门，向东经东城门依次连接东门街和太平街（后两者构成现西林路东段）；中山街作为城市纵轴线，垂直码头与西林路相交于东城门外。日伪时期以老城区的城墙为基准形成的长安路成为引导城市发展的横轴；以火车站为中心的放射性路网，从形态上确立了北起江滨南至火车站的和平路的城市纵轴地位；但是由于老城区偏于新区一侧，新老城区交界处的

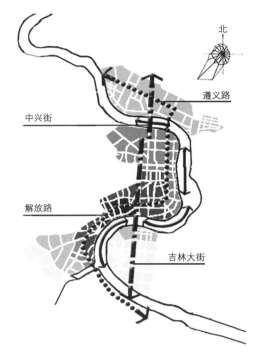

图3-34 吉林城市主轴结构
（资料来源：作者自绘）

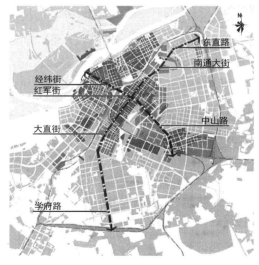

图3-35 哈尔滨城市主轴结构
（资料来源：作者自绘）

中山街实质上是城市的纵轴，此时的城市发展为双十字结构。此后，和平街由于受到火车站的限制，只能作为城市平面构图形式上的中轴线存在。城市空间形成了以长安路和友谊路为横轴、以中山街为纵轴的十字结构体系（图3-36）。

图3-36　佳木斯城市主轴结构
（资料来源：作者自绘）

已有研究成果表明城市空间形态的发展总是从一个生长点开始，随着生长点的泛化形成了城市主轴。松花江典型城市因为滨江码头与行政中心和生活中心分离，所以城市两个生长点逐渐联系，形成与江面垂直的城市纵轴。随着，航运业务的开展，老城区作为城市空间的生长点沿江轴向生长，形成了沿江横轴。此后，由于向心性机制的作用，城市纵、横两轴作为城市空间发展的引导轴，交替起主导作用。可见，典型城市纵轴、横轴作为引导城市空间扩展的基本要素，是在城市与江的不断作用中发展形成的，体现了松花江对典型城市整体空间结构的规限与构筑。通过了解城市轴线形成演化过程，可以正确引导城市轴线的拓展，将对城市空间形态的良性发展起到重要作用。

（3）双结构肌理的拼贴融合

近代是松花江流域典型城市基本格局形成时期，由于当时城市处于一种转型期，同时又具有殖民城市特点，使得城市形态处于一种双结构肌理拼贴杂糅的状态，具体表现为开埠地城区结构肌理与老城区结构肌理的差异。

吉林老城区以河南街为传统的商业中心，道路密集街区狭小，主要道路与松花江成垂直的关系，同时形成了多条平行于松花江的道路。近代时期，城市空间跳出老城区以火车站为中心形成了新城区商埠地，由于受到近代规划思想的影响，沿吉长铁路走势形成了规整的矩形格网街坊。开埠地街坊规整、街道层次清晰、城市肌理细腻，与老城区的街坊形态随意、街区大小不一、城区肌理粗糙形成鲜明对比。

哈尔滨初创时期，城市分为中东铁路附属地内外两个部分。附属地内的道里区和南岗区路网借用了许多巴洛克的规划设计手法。这种设计手法强调重要集会场所之间道路系统和视线的直线连结。其特点是城市广场一般是主要公共建筑物的节点，主要干道是节点间的线性序列空间，形成宏伟的城市形象。附属地之外的道外区是中国难民和筑路工人等移民聚集而自由发展起来的商业、居住和娱乐混合的功能区，城市肌理较为自由。

佳木斯初建时期没有人为规划控制，城市自发建设而成，城市结构肌理比较自由，街区大小不一。日伪时期制定的城市规划在长安街以南，铁路与松花江限定的范围内，以火车站为中心形成棋盘式与放射式相结合的巴洛克式新市街，形成了两种城市结构肌理的对立与拼贴。

典型城市的双结构肌理特征，表现在新老城区在建设过程、交通组织、布局形态和空间分布上的差异（表3-6）。

两种城市肌理的拼贴与杂糅是松花江流域近代殖民城市特征的重要表现形式，产生的内在原因是城市近代化需求与原有城市结构肌理冲突的产物。由于殖民统治，形成城市之中三界四方板块划分的局面，不同的区域进行各种各样的城市规划与建设。总的看来，无论是中国人的开埠地（吉林）、还是欧美人租界（哈尔滨）以及日本人的铁路附属地（佳木斯）规划建设，虽然具有不同形式和表达方式，但都体现出各自心目中的政治意图和对欧美城市意象的追求及向往。因此，它并不是城市经济、社会、文化自身发展的结果，属于嫁接型城市规划，是跳跃式发展的结果。典型城市的双结构肌理在当代城市中仍然存在，成为城市形态地域特色的一个重要表现方面，但是在城市交通发展、城市结构逐渐融合情况下，老城区具有历史价值、特点鲜明的肌理结构面临着被替代的危险，这是在城市发展中面临的现实问题。

典型城市双结构肌理比较　　　　　　　　　　　　　　　　　　　　　　　表3-6

		老城区（非开埠区）	新城区（开埠区）
建设过程		自下而上的自发式建设	自上而下的城市规划主导建设
交通方式		以步行和畜力交通为主	以电车、汽车交通为主
形态特征		街坊形态随意，街区大小不一，城市肌理粗糙	棋盘式与放射式相结合、城市肌理细腻
空间分布		以滨江码头为中心	以火车站为中心
肌理形态	吉林		
	哈尔滨		
	佳木斯		

3.5 本章小结

本章选取吉林、哈尔滨，佳木斯三座松花江流域典型城市，按城市发展的历史进程，分别从社会背景、演化轨迹、城市形态、江与城关系等几个方面分阶段对城市空间形态演变进行梳理，总结出典型城市依江演化的共性规律：水系利用价值的演替性规律、城市形态演变的阶段性规律、城市空间发展的同构性规律。

水系利用价值的演替性规律表现为：城市工业化以前和工业化初期以航运功能价值为主，城市工业化时期以工业利用价值为主，当代主要是生态复合利用价值。城市形态演变的阶段性规律是指：典型城市形态演变主要受到水系环境因素、水系功能利用因素、城市空间自组织发展因素和流域社会环境因素的影响，总体上可以分为滨江生成、沿江发展、形态分异三个阶段。城市空间发展的同构性规律主要包括：初始据点的区位选择、城市空间的轴向扩展、双结构肌理的拼贴融合三个方面。这三方面规律不是孤立存在的，而是相互关联的。水系利用价值的演替性规律是城市发展阶段性规律的主导因素之一，而阶段性规律与同构性规律是城市空间发展的历时性与共时性两方面的表现。可见，典型城市形态演变与松花江流域的自然环境、社会环境和历史进程有内在的紧密关系，这为我们探寻松花江流域典型城市空间形态发展奠定了基础。

第4章

跨江发展的
空间模式

4

跨越江河发展是滨江、滨河城市发展到一定阶段所面临的普遍问题。20世纪90年代，上海跨黄浦江发展，使得浦东成为国际金融中心，不仅成为长江经济带的龙头，而且已成为中国乃至世界经济的重要一极。上海跨江发展的成功经验带动了中国其他城市的跨江发展。进入21世纪，重庆跨长江和嘉陵江发展、南昌跨赣江发展、杭州跨越钱塘江发展，城市跨江河发展在大江南北全面展开。

从松花江流域看，上游吉林市在1950年代向江北跨江发展形成工业区，改革开放后二次跨江，向江南发展；中游哈尔滨正处在跨江发展的起步期；下游佳木斯的城市发展战略规划中也提出了跨江发展的构想。因此，跨江发展问题是松花江流域典型城市面临的共性问题。城市空间扩展是一个不可逆的过程，特别是跨江发展属于跳跃式发展，一旦付诸实施所带来的正面和负面影响都是永久性的。同时，新的环境对社会组织结构、经济发展、生态格局等产生极其深远的影响。因此，城市空间跨江扩展是涉及多价值取向的综合性问题，不能盲目跟风，应审慎行事。

4.1 城市跨江河发展的动力机制

4.1.1 区域整合发展的要求

当前，城市与区域的关系日益密切，城市通过人流、物流、能量流和信息流与外围区域发生多种联系。城市的生存与发展，基于它对腹地在经济上、文化上、政治上、生活上所起的作用和所做出的贡献，这种作用表现为它对外围腹地的吸引和作用。同时，外围区域则通过提供农产品、劳动力、商品市场、土地资源等成为城市发展的依托，城市发展不能脱离特定区域的自然社会经济条件而孤立进行。因此，城市空间的扩展不仅与城市自身的发展状况关系密切，而且与城市所依托的区域有千丝万缕的联系，城市跨江河发展也是如此。

通过对国内外城市跨越江河发展过程分析，可以总结出：城市空间扩张总是在腹地空间、经济、交通优势突出的河流一侧首先发展，江河两侧腹地资源接近，则江河两侧城市空间均衡发展。城市与腹地相互作用表现为"极化"与"扩散"：极化是指各种流向城市中心的向心汇聚运动，通过人口集聚、物质和资本集聚、文化集聚及信息集聚，产生城市的集聚效益、规模经济效益、乘数效应、集群效益、范围经济效益等；扩散则是指各种流从城市中心向外的离心分散过程，使市的影响作用不断扩大，产生溢出效应、外部经济效益等，从而反哺区域[40]。

虽然滨江城市大多已经通过桥梁、轮渡等与其所辐射的江流对岸区域连接起来，但由于跨江通道对城市功能的发挥具有一定的衰减效应，加上河流的空间屏蔽作用，城市的区域辐射强度与范围都受到较大影响。以南京为例，由于城市偏居长江以南，而长江大桥的通过能力有限，使得城市对其腹地苏北的带动受到限制，经济联系更是松散。随着江阴大桥、苏通大桥等投入使用，苏北的腹地受到上海、无锡等城市辐射的影响[41]。在竞争激烈的城市时代，只有跨江发展，实现城市功能的过江开发，才能真正起到对对岸区域的带动作用，区域性大都市的辐射功能才能得到完善。

4.1.2　城市空间拓展的需求

滨江城市受江流制约与引导，一般都形成沿江带状的城市形态和半同心圆形的城市结构。随着城市规模扩大，城市空间扩展受到江河的阻碍，人口和工商业活动高度集中，不可避免地产生市中心区人口密度过高、工业企业过多、工业区与居住区犬牙交错等现象，既导致城市交通、住房和基础设施拥挤等一系列的城市环境问题，也导致城市空间"摊大饼"式的蔓生扩张。如哈尔滨市随着城市人口的增多，中心区城开发强度过高，人口密度已达16000人/平方公里，市中心区人口密度已达60000人/平方公里。由于过高的人口密度和建筑密度，使得城市中心区的生产、生活越来越面临环境污染、资源短缺、空间冲突、文化摩擦和交通阻塞等一系列挑战。哈尔滨城市绿化指标较低（表4-1），就是建筑密度与人口密度过高而导致人居环境质量下降的表现。延续现有单中心结构摊大饼式空间扩展，不但不能解决城市中心区人口密度过高的问题，反而会随着城市规模扩大产生回波效应，增大中心城区的压力。因此，城市结构只有向多中心转化，才能优化城市结构，提高人居环境质量。

城市跨江发展，一方面可以为城市空间扩展提供足够的可建设用地，另一方面由于河流自然规限，使得城市空间必然走向多中心结构模式。而且，跨江发展与普通建设卫星城方式相比，更利于城市多中心结构的形成。

哈尔滨与国内外城市绿化指标比较   表4-1

	堪培拉	斯德哥尔摩	深圳	伦敦	珠海	莫斯科	威海	平壤	北京	哈尔滨
人均公共绿地（平方米/人）	70.5	68.3	34.3	30.4	27.1	17.4	16.5	14.0	8.0	4.7
绿化覆盖率（%）	58.0	56.0	43.0	34.8	43.5	35.0	37.5	34.0	34.4	30.0

（1）大城市郊区卫星城镇配置的大型企业多是单一的工业企业，且以重工业为主。因重工业多属资金密集型行业，资本有机构成高，对劳动力就业的吸纳能力有限；而跨江发展的城区可以在沿江对岸规划建设新的城市功能区，合理调整并优化城市的空间布局，迅速增大城市的容量，有利于资源的综合利用、优势互补，加快实现中心城区的土地"退二进三"，实现跳跃式的发展。

（2）普通卫星城镇人口规模偏小，缺少必要的市政设施和各种服务业，城市综合功能不完善，缺乏脱离中心城区独立发展的能力，因而这些卫星城镇主要是对迁入市区人口起截流作用，而对疏散市区人口的作用不明显；跨江发展的城区以城市副中心为主要目标，基础设施完善、产业结构合理、服务业发达、环境优良，购物、医疗、文化教育、休闲娱乐、邮电通讯等社区服务设施的建设配套相对完善，会起到分流中心区人口的作用。

（3）普通卫星城建设在城市边缘外围地区，与中心城区的空间距离较远，加之居住地与就业地之间的脱节现象，导致市民的往返流动，增加城市通勤压力，阻碍人们迁往郊区；跨江发展的城区具有与老城区隔江相望的区位优势，缩短了与旧城中心的空间距离，在保证足够的跨江设施的条件下，两岸的时间距离将大大缩短。

4.1.3 水域环境资源的吸引

根据道萨迪斯（C. W. Doxiadis）在人类聚居学中的预测，分析目前的聚居区位，主要受到一种新的因素的影响：第一个因素是自然景观的吸引力，第二个因素是交通干道的吸引力，第三个因素是现存城市中心的吸引力[42]。城市跨江发展既有靠近城市中心区的优势，又有临近优良河流自然景观的优势，特别是人们对水域生态环境资源的日益重视成为引发城市跨江发展的催化剂。

人们除了维持生命需要水之外，还有观水、近水、亲水、傍水而居的天性。城市中的水体以其活跃性和穿透力而成为景观组织中最富有生气的元素。同时，滨水区不仅是单纯的物质景观，更是城市中的文化景观集中展示场所。天然的地形、地貌在水体的声、光、影、色的作用下，与城市的历史文化精粹相结合，形成了动人的空间景观。城市跨江河发展后，不但两岸岸线资源可以平衡开发和减少浪费，而且江河由原来的城市边界转变为城市的发展轴、景观轴与生态轴。岸线功能也可以实现优化配置，部分工业运输岸线可以转化为生活岸线，成为市民观光游览的场所。《哈尔滨城市总体规划（2004—2020）》中提出哈尔滨沿江岸线利用存在生产岸线与生活岸线混杂、两岸开发缺乏统筹安排、港口客货两用相互干扰等问题。而反观跨江发展的吉林市则充分利用沿江岸线资源，在松花江河道两边进行了多种功能的混合布置，充分发挥了松花江岸线优势，构成了"一水两带"的城市开放空间。吉林沿江带联系了江南、市中心和江北，具有城市空间联系纽带的地位，同时松花江及其沿岸地带也是吉林市未来的城市创新和城市功能布局的主要依存空间，在城市空间格局中占有极其重要的地位。

总体来看，区域整合发展要求是城市跨江发展的外在动力；城市空间拓展需求是城市跨江发展的内在动力；水域环境资源的吸引是城市跨江发展的催化剂。

4.2　城市跨江河发展的限制因素

4.2.1　自然环境因素

（1）江河形态对城市跨江发展的限制

首先，河流宽度对城市跨水域发展的限制。河流的宽度不同，对跨河交通的经济费用及建设技术的要求也不同，直接影响到跨河交通建设的难易度，从而影响河流两岸的发展。古代限于生产力发展水平、当时的经济条件、治水能力、桥梁技术等，只能在较小的河流上修筑桥梁，尚无法使众多的滨江城市跨江发展。即使现代城市跨越江河发展，也需要河宽适中，保证建桥具有经济可行性。如长江在上海以西的南通段平均河宽达到8公里，在上海吴淞口段仅其南支流就已经宽达17公里，使得城市跨江的经济可行性大大降低。

其次，河道的稳定程度也影响城市跨江发展。虽然吉林市段松花江较宽，平均达500米，但是由于其位于松花江上游，且有丰满水电站进行调控，河流流量稳定，对城市跨江发展影响较小。相反，我国黄河流域由于黄河河道稳定性差，城市必须与江河保持一定距离，所需跨河的技术条件、经济成本更高，过河交通时间更长，对城市跨河发展的阻力也就越大。因此除了上游兰州市跨河发展外，下游沿河城市都是在黄河一侧发展。

（2）防洪安全对城市跨江发展的限制

城市沿江、河单侧发展是有其安全意义和生态意义的，所谓"丢一边、保一方"即指滨水城市顺应河流的自然发展演变规律，尊重河流摆动、游荡的野性，腾出一侧空间供河流自然演变，同时也保城市一方之"平安"。城市跨水域发展，必将限定水系河道，缩窄河道，增大洪水暴发概率。

由于河道的束缚，河水中的泥沙不断沉积使得河床底部逐渐升高，河流水位亦逐年抬升，这样一来，城市亦不得不不断抬高河流两岸堤坝以防御洪水侵袭，于是形成了我国滨水城市普遍存在的河堤高筑的现状。河堤的不断增高在保障了城市安全的同时，也会提升洪水发生的危害等级。一旦城市河堤决口，它所带来的灾难远远大于滨江单侧发展城市的损失。

随着工程技术的进步，大量人工化河堤、护岸将人类的聚居区连为一体，河流被紧紧地束缚在有限的城市空间之中。许多城市用地甚至直达河堤脚下，与河流仅一路之隔。洪泛滩地、湿地也因此被大肆侵吞，河流与城市的生态冲突问题就显得异常尖锐。城市与河流之间缺少一个缓冲的区域，河流水位的涨落随时都会直接影响城市的安全。

（3）地质地貌对城市跨江发展的限制

江河对岸土地的地质、地貌也是影响城市跨江发展的重要因素。如果对岸为坡度很大的山地丘陵，不适宜城市建设，大规模跨江发展不可能实施。吉林市跨江发展形成江北、江南两个部分就是由于江东地貌为山地，由炮台山、帽儿山、龙潭山等群山地貌不适于城市开发建设，从而将城区分割为两部分。如果地势条件较差，地基承载力低，城市大规模开发的成本也会提高。哈尔滨松北地区地貌类型属内陆河川平原，是松花江与呼兰河交汇的漫滩，地面海拔高度在114~120米，受洪水威胁严重，地基承载力较低，约12吨/平方米。地貌形态类型可划分为松花江高、低漫滩：高漫滩位于北部边界处呈条带装分布，面积较小，地形平坦，主要由全新堆积粉质黏土、粉细砂、中、粗砂构成；低漫滩沿松花江广泛分布于全区，地形平坦低洼，主要组成物为全新统堆积黏性土及砂性土，其上牛扼湖、沼泽洼地较发育。地基承载力低、地貌复杂，增加了城市建设成本，使得松北地区城市建设受到较大影响，这也成为哈尔滨跨江发展的障碍之一。

4.2.2 经济技术因素

（1）新区市政设施基础落后

基础设施作为区域社会经济持续发展的基础和保障，为城乡一体化提供了一个不可或缺的硬环境，是城乡各种网络要素流动的依托和保障。在经济发展中，没有足够的、完善的基础设施系统，城市与区域系统的经济就不能有效运行。城市跨江发展，其实就是城市在区域范围内展开的一种表现，要推进城市跨江发展，就必须在城市——区域系统内形成完善的交通运输等基础设施网络。由于对岸地区经济不发达，交通市政设施不完善，而且由于河流的阻隔，不能依托城市原有管网设施，因此城市跨江发展所进行交通市政设施的建设，几乎就是一个从无到有的过程，需要大量的资金投入。而且，市政设施建设及经营的优势在于"规模效应"，所谓"规模效应"通常是指随着设施处理量的增加，每单位处理成本下降的一种经济现象。只有在城区达到一定规模后，基础设施的成本才会降低。而城市建设的长期性使得在城市跨河发展的初期，这种市政设施建设维护成本非常高。

（2）两岸交通联系需附加投资

两岸交通运输条件是保证城市跨越河流发展的重要保证。例如，纽约曼哈顿区集聚了来自康涅狄格州、新纽约州和长岛的电气化铁路终点，过河交通十分方便，合计有桥梁18座，隧道3个，使城市空间可以突破江河限制而不断发展。从表4-2国外滨水城市跨水域交通数量的比较可以看出，只有完善的辐射交通和过河交通体系，才能促使城市跨江河均衡发展。但是，跨河交通建设需要很高的附加投资，不是短期内可以完成的。因此许多城市虽已跨越江河发展，但由于资金和技术的匮乏，两岸联系薄弱，制约了新城区的发展。吉林早在1950年代就已经开始跨江发展，但是经过许多年的建设，跨江交通仍然呈现北部密集东、南部稀疏的状态。如果不解决现状交通联系薄弱的问题，将很难形成两岸的真正融合。

国外滨水城市跨水域交通统计 表4-2

城市名称	城市人口（万人）	河流名称	河宽（米）	桥梁数量（座）	隧道数量（座）	桥隧平均分布密度（公里/座）	河两岸人口比	桥隧平均服务人数（万人/座）	说明
伦敦	227	泰晤士河	250	15	2	1.1	0.97	12.6	内城
巴黎	232	塞纳河	120	28	6	0.4	0.95	6.5	内城
鹿特丹	60	马斯河	500	2	3	3.6	0.44	5.3	城市聚集地
科隆	100	莱茵河	400	8	0	1.3	0.67	8.4	
华沙	132	维斯拉特河	500	6	0	2.1	0.49	10.8	
纽约	1619	哈得逊河	1300	18	3	2.6	0.76	58.6	
布达佩斯	200	多瑙河	150	8	1	1.6	0.67	15.6	
加尔各答	300	胡格利河	540	2	0	7.0	0.43	64.5	市区92平方公里

4.2.3 市民心理因素

先进的交通方式可以缩短新区与老城区之间的交通时间，但是无法消除大江大河地理障碍对人心理距离的影响。如上海黄浦江交通不甚发达时，居民大量靠摆渡往返于两岸，形成了"宁要浦西一张床，不要浦东一间房"的心态。松花江作为大江大河，其宽阔的江面造成了人们心理的隔绝，对于典型城市来说，江南、江北、江东、江西不仅是地理意义上的差别而且是社会意义和心理意义上的差别。根据生态位观点及城市人口流动的一般规律，人口的集中与扩散是城市生态位的趋势原则与平衡原则共同作用的结果，其中常住人口受生态位的影响最大，而购物、看病、孩子入托、上学、就业以及交通的方便度或易难度是城市某地区生活生态位的主要指标，影响着城市核心人口的迁居行为。江对岸城区从无到有的建设过程，人们习惯的改变，职业的重新安排，使得原有的居住文化圈（如亲属圈、社交圈、意识圈等）被冲破，而新的居住环境和文化氛围又很难在短时间内建立起来，加之居住在市中心区的某些生活上的便利（如子女上学、上街购物、亲朋好友往来等）的丧失，可能使居民产生文化心理上的失落感。

吉林江南经济技术开发区，虽然与老城区隔江相望，但两岸联系十分紧密，江南也成为城市发展的增长点，但是，与高楼林立的办公空间相比，江南居住空间的比例相对较少。白天的繁华与夜晚的冷清相比，证明了人依然愿意居住于老城区，接近生活中心，这与松花江在人们心理上形成的空间距离不无关系。对于下游的哈尔滨和佳木斯这一点就更为明显，哈尔滨、佳木斯的江北一直以来都是以农业为主，为城市提供粮食和副食品，在市民心理上松花江是城市与农村的界限。这种观念将会随着城市交通发展、人们生活水平的提高而有所转变，但是，在城市跨江发展的初期会有较大的阻碍作用，造成新区人气不旺。

4.3 典型城市跨江发展比较分析

4.3.1 跨江发展历程比较

（1）吉林跨江发展历程

吉林市自1673年建城以来，城市建设用地主要集中在松花江左岸。最早确定跨江发展思想的是1930年由国民党政府的市政筹备处编制的规划，制定了城市跨江向南发展。但是由于受当时的经济政治因素影响并没有实行。1940年，日伪政权制定的《吉林市都邑计划》延续了民国时期城市向南跨江发展的规划布局（图4-1），同年，吉林大桥的竣工通车加强了老城区与江南地区的联系。但是，由于日伪时期掠夺式的畸形殖民经济开发，城市空间发展的重点并非在江南，而是在北部建设哈达湾工业区，并向北跨江建立了电器化学和人造石油两厂，这为城市跨江发展打下了一定的基础。新中国成立后，第一个五年计划中7项国家重点工业项目的建设，特别是位于江北的化肥厂、染料厂、电石厂、碳素厂等工厂及家属区的建设，促使了城市完成了向北跨江发展。改革开放以后，随着城市经济的复苏，城市功能开始向江南地区渗透，发展了一些体育文化设施和住宅小区。1990年以后，随着土地市场的开放，和滨江景观资源意义得到重视，建立了高新技术开发区，江南地区获得了空前的发展。经过50多年的跨江发展历程，吉林城市空间已经形成了一水两带，同步发展的态势。

图4-1 1940年吉林市都邑计划
（资料来源：吉林市规划局）

（2）哈尔滨跨江发展历程

哈尔滨地区在清末民初时期，以松花江为界分别隶属于黑龙江省和吉林省，松花江以的松北地区属黑龙江省呼兰府。1911年，呼兰府在马船口自开商埠，规划商埠区面积约1平方公里。1913年动工兴建东三省呼兰糖厂。1919年，设马船口市政局，1920年1月改称松北市政局后，规划将商埠区扩大至3平方公里。1923年，松北铁路（由滨洲线引出专用线）通车。1928年12月，呼海铁路全线通车。1931年，松浦市建成区面积达6.5平方公里，其中松浦镇为6平方公里，松北镇为0.5平方公里[43]。

1932年，哈尔滨沦陷后日本关东军司令部提出《哈尔滨都邑计画》，规划城市向松北地区发展，但受到1932年松花江洪水的影响，停建了所有的民用和军用设施。

新中国成立后，鉴于江北地处洪水淹没区，无防洪保障设施，无电力供应、铁路运输、市政公用设施基础，与江南无道路交通联系的实际情况，城市空间发展主要集中于江南地区，只在平民船坞至极乐村（青年之家）修建围堤，堤内建休养区与"太阳岛公园"。

1986年9月，哈尔滨松花江公路大桥建成通车，为开发江北创造了条件。1993年，哈尔滨市第九次党代会做出了"开发江北，实现两岸繁荣"的战略决策。1998年在太阳岛中区上坞进行围堤。1999年完成上坞堤防二期工程（砌石护坡、堤顶路及照明、绿化）。2000年完成上坞小区道路49.2公里，排水管线敷设5.2公里，太阳岛中区上坞与东区连接的太阳岛桥竣工。2001年开始建设的全长9.63公里的前进堤工程，经过两年建设达到50年一遇防洪标准；实施了202国道环境综合整治工程。

2004年2月经国务院批准在松花江北岸设立松北区，城市正式跨江发展。松北区总面积736.3平方公里，现辖松北、松浦、万宝、对青、乐业镇和三电街道办事处，总人口16.3万人。根据《哈尔滨市城市总体规划（2004—2020）》，确定松北区总用地面积为298平方公里（图4-2）。陆域用地面积为210.1平方公里，其中城区116.8平方公里，郊区93.3平方公里。城区包括松北镇、松浦镇及万宝镇部分用地，范围为东起东方红堤和三家子堤，西至规划西隔堤，南起松花江

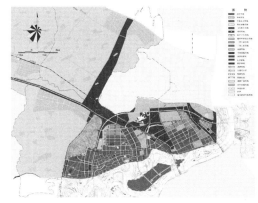

图4-2　哈尔滨松北分区规划[44]
（资料来源：南京大学城市规划设计研究院. 哈尔滨市松北区分区规划2004—2020.内部资料，2005.）

哈尔滨段南岸，北至规划城市四环路。郊区为万宝镇行政区划范围用地。滩岛水域用地东起滨北铁路，西至规划王万铁路联络线，南起松花江南岸堤，北至松花江防洪堤，用地面积为88.0平方公里。其中，包括太阳岛风景名胜区用地面积为38.0平方公里[44]。

（3）佳木斯跨江发展历程

从历史上看，佳木斯城区发展主要集中在松花江南岸地区，而松花江以北主要是农田用地。由于松花江航运优势、临近北部煤城鹤岗的区位优势，使得位于江北凹岸处的莲江口码头获得了一定发展。佳木斯的第一条铁路就是鹤岗至莲江口的专用运煤铁路。1926年，鹤岗煤矿股份有限公司为解决煤炭外运的问题，投资修筑矿区至莲江口码头运煤铁路，1927年正式运营。莲江口码头依托区域丰富煤炭资源，发挥铁路水运转运优势而逐渐发展起来。因此，佳木斯江北地区主要是围绕莲江口码头形成莲江口镇。江北莲江口镇设有煤码头，陆域面积2.7万平方米，岸线长140米，千吨级泊位1个；油库码头陆域面积39万平方米，岸线长750米，千吨级泊位2个；粮库陆域面积20万平方米，码头岸线152米，千吨级泊位2个[45]。1989年，佳木斯松花江公路大桥建成，加强了两岸联系。莲江口镇现有人口17974人。在佳木斯市城市规划设计研究院2002年的佳木斯城市远景规划中，提出了"大佳木斯"跨江双岸发展的战略构想[46]（图4-3）。但是，最近几年，由于城市经济

图4-3　佳木斯城市远景规划
（资料来源：佳木斯市城市规划设计研究院. 佳木斯市城市远景规划. 内部资料.）

增长乏力，人口增长比较缓慢，城市空间扩展的内部动力不足，因此城市并没有实施跨江发展。可以说，佳木斯仍然处于跨江发展的准备阶段。

4.3.2　跨江发展条件比较

（1）水系自然环境条件

吉林市区段的松花江干流宽度在300~500米，河道形态蜿蜒曲折，河床稳定性较强。松花江哈尔滨段水流分叉比较多，此外还有许多浅滩和边滩地形。滨洲桥以上江段，河身宽浅，水流较分散，河床稳定性较差。滨洲桥至水泥厂江段，由于桥梁及两岸边界条件的控制，河势变化较小，具有江心洲型江段的演变特点，水泥厂以下江段，为较规则的弯曲性江段。佳木斯城区段松花江属于平原型河流，河道弯曲，水流较平缓，平均宽度约1000米。

从防洪角度看，吉林市位于松花江上游，由于丰满水电站的调控，使得城市受洪水威胁较小，丰满水电站建立以后吉林就很少发生较大洪水。哈尔滨位于松花江中游，洪水由嫩江、拉林河、松花江上游水量汇集而成，受洪水威胁较大。佳木斯情况与哈尔滨类似。哈尔滨、佳木斯无论是洪水的频率和流量都大大超过吉林市（表4-3）。哈尔滨、佳木斯一直以来沿江单侧发展，与受洪水威胁也是分不开的，其江北地区，历史上都是作为泄洪区而存在，起到保护主城区安全的作用，如果城市跨江发展，就必须对防洪方式的改变做认真研究，这也是城市跨江发展所面临的重要课题。

典型城市洪水年份流量比较　　　　　　　　　　　　　　　　　　　　表4-3

吉林	年份	1909	1923	1953				
	流量（m³/s）	12900	11000	7720				
哈尔滨	年份	1998	1932	1957	1956	1953	1960	1934
	流量（m³/s）	16600	16200	14600	11700	9530	9100	8630
佳木斯	年份	1932	1960	1998	1956	1957	1964	1985
	流量（m³/s）	23200	18400	16200	14900	14300	13100	12400

（资料来源：松辽水利委员会编. 松花江卷［M］. 北京：水利电力出版社，1994.）

由于河道不稳定、水量变化较大，从防洪安全角度考虑在《哈尔滨市城市总体规划（2002—2020）》中制定的两岸堤线距离在2000~5000米。与吉林相比，宽阔的松花江行水空间制约了哈尔滨跨江发展。

（2）城市自身发展条件

①城市经济实力

城市的跨江发展，需要巨大的基础设施投入，也需要巨大的城市功能开发的投入以提供吸引居民的就业岗位。城市的经济实力必须能够支撑这一巨大工程的需要，否则极易出现开而不发的局面。哈尔滨2006年，实现地区生产总值2094亿元，同比增长13.5%，年均增长13.9%；固定资产投资810亿元，同比增长26.7%，年均增长22.4%；人均地区生产总值21472元；松北区的固定资产投资累计达到128.6亿元。吉林市2006年，实现地区生产总值725亿元，同比增长15.0%，人均地区生产总值16900元。佳木斯2006年，全市实现地区生产总值278.5亿元，同比增长13.5%；人均地区生产总值11230元。哈尔滨依托省会城市优势，经济实力明显强于吉林和佳木斯，为城市跨江发展提供了坚实的经济基础。

②城市空间形态

典型城市主要受到松花江河谷地形影响，城市形态为沿江带状和半同心圆状结构。带状城市沿江发展到一定程度后，由于形态过于狭长，而导致交通、经济、布局等多方面城市问题，使得城市发展的边际成本上升、边际效益下降。当跨江的成本小于带状扩张的成本时，城市跨江发展就成为城市空间发展的首选方向。吉林、佳木斯两座城市受自然地理环境的影响，城市形态呈现为沿江带状发展。吉林城市空间单侧沿江纵向长度与横向长度的平均比值约为10：1，佳木斯城市空间的这个比值约为8：1，因此城市跨江发展是提高城市空间效益的必然，城市对江对岸的土地需求较大。比较而言，哈尔滨半同心圆状的城市形态，在现有规模下跨江发展的压力较小。

③跨江交通设施

城市跨江发展意味着过江通道由城市的对外交通变为市区内部交通，这就要求通道必须具有便捷、迅速、高效、畅通的特点，这样原来市区的人口与功能才能被吸引或疏解到新的区域。吉林由于跨江的历史较长，跨江通道也比较多，有哈龙桥、松江大桥、清源大桥、龙潭大桥、江湾大桥、吉林大桥、临江门大桥7座跨江公路桥和1座跨江铁路桥，但是相对于26公里长的沿江岸线来说，还存在跨江交通模式单一、桥梁分布不均等问题，因此1996版城市总体规划中在城市南部和北部分别增加3座跨江公路桥。哈尔滨有原四座跨江桥梁连接，由西向东分别是：公路大桥、滨洲桥、滨北公铁两用桥和四方台大桥。其中，滨洲桥为铁路桥，而四方台大桥不但离市区远且为收费桥，多用于通往吉林省等方向的过境车辆通行。随着2006年滨北公路桥封闭，松花江公路大桥成为市民往来于松花江两岸的唯一通道，交通压力大增。因此，建设道外二十道街跨江桥、三环路西江桥、四环东江桥、经纬街过江隧道等其他过江通道迫在眉睫。佳木斯只有日伪时期建成的跨江铁路桥和1980年代建成的跨江公路桥两座跨江桥梁，仅承担城市对外交通功能。

（3）城市——区域关系

①城市群层面

城市跨江河发展的两种主要动力来源：一是内部动力——城市自身发展需要，二是外部动力——区域一体化分工协作要求。当前，松花江流域城市处于城镇化初期，城市处于极化发展阶段，提高城市的核心竞争力，增强其辐射能力是促进城市群整体发展的主要方式。前文提出：松花江流域的城市体系由沿江"正三角"结构发展演变而来，流域内三个城市群：长吉城市群、哈大齐城市群、黑龙江省东部城市群已经初具雏形，但是要进一步发展，必须加强核心城市对区域的辐射能力。

长吉城市群具有明显的双中心结构，长春、吉林已达到特大城市规模，而其余城市均为中、小城市。吉林省城镇体系规划提出了"一区、四轴、一带"的总体空间布局结构，"双核、多心、多层次"的中心城市等级体系。吉林市是支撑省域城镇体的双核之一，市域内贯穿两条二级发展轴——吉沈发展轴和图乌发展轴[47]。城市群中另一级——长春位于吉林以西，长吉城市群的整合对于松花江右岸地区发展的拉动不明显。

哈尔滨作为哈大齐城市群在的核心城市，其空间位置偏于东南侧，对江北与大庆、绥化接壤等地区的带动有限，制约了城市群的发展。哈尔滨跨江向江北发展加强与大庆、齐齐哈尔等城市的联系，是建立跨江产业体系，建立重工业发展带的需要。所以，区域整合发展对哈尔滨跨江发展的拉动作用比较明显。

黑龙江省东部城市群内城市之间实力较为均衡，牡丹江、佳木斯市两座综合性城市，其他为资源型城市。佳木斯处于鹤岗、双鸭山、鸡西与七台河四大煤城之间。从历史上看，江北的莲江口港一直承担鹤岗的煤炭资源的转运功能。因此佳木斯市跨江发展有利于整合区域资源，强化与周边城市的互补性合作关系。从区域角度看，佳木斯跨江发展的区域外部动力较强。

②市域层面

通过城市市区与市域人均GDP的比较，可以说明城市对腹地的扩散作用强度。一般来说，市区与市域的比值越大，说明城市区域内部经济发展水平越不平衡，也就说明了城市的扩散作用不强；若两者的比值趋近于1，说明城市区域内部经济发展处于平衡状态，城市对外扩散作用较为强烈[48]。吉林市区与市域人均GDP比值低于1.5，且市域人均GDP在一万元以上，说明城市跨江发展后，城市的扩散效应较强。哈尔滨市区与市域人均GDP比值大于1.5，且人均GDP值较高，说明城市整体经济发展水平还是较高，但扩散作用不强烈，因此需要提高城市与区域作用水平。佳木斯虽然市区与市域人均GDP比值低，但经济发展水平也比较低，说明中心城区经济实力不强，并不是真正意义上的城市扩散作用的区域化。从市域层次来看，吉林跨江发展后市区与市域的作用较强；哈尔滨市区与市域的作用亟待提高，市区、市域经济的势能差促使城市跨江发展增强城市的辐射能力；佳木斯经济发展水平较低，市域范围内城市空间扩展的需求不大。

典型城市市区与市域人均GDP   表4-4

	吉林	哈尔滨	佳木斯
市区人均GDP（元）	14508	20737	9228
市域人均GDP（元）	10345	11943	6843
市区人均GDP/市域人均GDP	1.40	1.74	1.35

（资料来源：根据2002年中国统计年鉴数据整理）

4.3.3　跨江发展问题分析

（1）跨江发展时机

　　城市跨江发展是社会经济发展到一定程度的必然选择，是城市作为一个地域系统空间拓展的必然。发达国家和地区在区域经济建设中，由于桥梁建设等基础设施的建设费用并不是一种特殊的负担，在工业化和后工业化的进程中，沿江、沿河的大中型城市大体上都完成了跨越江河的城市发展过程。如伦敦跨泰晤士河，巴黎跨塞纳河，首尔跨汉江，纽约跨哈得逊河和东河，圣彼得堡跨涅瓦河，维也纳和布达佩斯跨多瑙河等。

　　我国很多城市正处在城镇化的进程当中，城市的发展进程有很大差别，城市跨江发展必须量力而行，把握好城市跨江发展的时机，这样才能避免城市建设中的不必要损失。城市跨江发展是城市格局的战略性巨变，是城市发展阶段中的"质变"。只有在城市处于超常规的高速发展阶段，城市所在的区域处于城镇化加速阶段，城市功能出现跃升，相应地城市规模迅速扩大导致空间裂变，而城市周围现有后备土地资源出现一定匮乏后，才能引导城市跨江开发。如果城市发展速度较低，还在现有发展模式的合理吸纳范围之内，就不能进行跨江发展，只能为跨江进行基础性准备工作。

　　就城市形态的发展过程而言，跨江发展一般是在城市用地向外围蔓延扩张时期，即城市已经越过了简单以同心圆方式向外膨胀阶段，转向有选择、有重点地向外围疏散，居住人口和制造业开始向外围迁移，在城市中心外出现一定规模的副中心。

　　就城市发展水平而言，跨江发展一般发生在城市居民生活水平由小康至初步富裕水平时期，随着人们对居住环境、生活质量的提高，跨江河发展往往能摆脱老城区较差的生活环境。

就经济发展而言，跨江发展一般在城市经济发展到一定水平，具备跨江实力时，同时城市产业结构处于较大的调整和升级之中，要求以跨江河发展来支持产业空间结构的重组。

就区域经济关系而言，跨江发展一般在城市本身职能发生转变或区域经济关系、城市与腹地经济关系发生变化的时期。

有人提出当城市增长速度（城市人口年均增长率）超过3%，经济增长率达到10%，持续大约25年的时间时，城市增长模式就应当从外溢式发展，转向跨越式发展[49]。虽然，这个说法仅仅依靠一个速度变量，来判断城市跨越式发展的时机，过于武断，也无法来验证对错，但是说明城市跨越式发展是一种量变到质变的积累过程。1990~2000年，哈尔滨市国内生产总值增长率年平均为14.52%，而同期佳木斯市为9.1%，而上海市高达18.93%（图4-4）。1990年代初期，哈尔滨与佳木斯市人均GDP相差不大，哈尔滨（3417.99元）略高于佳木斯（3086.07元），至2000年，哈尔滨市人均GDP为18101.48元，是佳木斯（8110.24元）2.23倍。从人口发展上看，哈尔滨1990年市区人口为244.34万，至2000年达到338.20万人。佳木斯由于经济不景气，大量人口外迁，致使城市人口增长速度缓慢，1995~2000年，佳木斯市市区人口年均增长率仅为0.91%。可见，哈尔滨城市空间跨江发展的内在动力已经形成，而佳木斯经济增长乏力，需等待跨江时机。

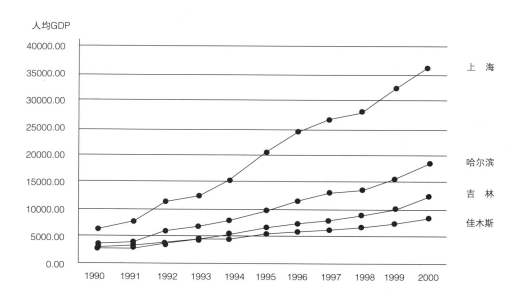

图4-4　上海、哈尔滨、吉林、佳木斯人均GDP增长图
（资料来源：作者自绘）

（2）跨江主导力量

城市空间跨江发展属于城市空间的跳跃式发展，从促使其发展的主导力上可分为城市空间发展的自组织力和他组织力。城市空间结构在自组织力作用下经历集聚——拥挤——分散——新的集聚。在这一过程中经济结构及产业内部结构的变化，交通及通信技术的发展，重大投资项目的推动，自然生态因素等具有最为显著的影响。另一方面城市建设中一直存在着有意识的人为干预，即政府加以规划调控及政策引导。通过法律、经济、技术、规划决策及实施等方面的作用，使城市空间结构演化尽可能符合人类发展愿望和要求，这就是空间的他组织机制。虽然城市空间结构的形成是通过城市空间内部自组织过程及空间被组织过程相互交替逐步朝着理性的方向发展，但是城市发展的不同阶段两种力量所起的作用程度不同，城市跨江发展过程中也是如此。吉林和哈尔滨两座城市在跨江发展的过程中起主导作用的力量是不同的。

①城市空间自组织力主导

吉林市的跨江发展其主导力量是城市空间发展的自组织力。首先，吉林城市山水环绕的河谷空间形态在一定程度上制约了城市的离江扩展，决定了城市空间发展的沿江走向。然而河谷盆地内空间容量有限，城市空间的持续发展必须冲破自然环境门槛，实现发展的跨越。其次，跨江方向的区位择优。吉林城市空间的第一次跨越是向江北发展而非向江南，一是因为城市扩张用地的性质为工业用地，而且主要是化工，那么工业生产所产生的污染对城市居民生活的影响成为城市跨江布局主要考虑的因素，因此选择松花江下游和城市主导风向下风向的江北地区；二是江北地区临近蛟河、营城、舒兰地等煤炭矿场，便于吉化生产就近取材；三江北地区与哈达湾工业区隔江相望，有利于形成产业集聚优势。最后，城市空间发展的交通导向。吉敦（吉林——敦化）铁路建成通车向东跨江至龙潭山脚下又向北延出市区，其后吉林至哈尔滨的铁路也经过江北。相比之下，江南地区只有一条至丰满水库的铁路线。通过以上分析可以看出吉林跨江发展首选江北而不是与老城区隔江相望的江南地区，是由于当时城市产业、经济、交通等多种因素综合作用的结果，是城市空间自组织发展的结果。

②城市空间他组织力主导

与吉林的城市跨江发展主导力相比，哈尔滨的跨江发展具有明显人为控制性，政策导向占据了主要地位。虽然，哈尔滨城市中心区的人口密度和建筑密度已经达到了很高的程度，但是如果按城市自组织发展轨迹，城市空间扩展的首选方向并不是跨江发展。首先，从城市发展的用地选择上看，哈尔滨江南地区有大量的土地可供城市开发使用。城市空间可能的发展方向为：向东跨阿什河在东风镇、民族乡和向阳乡一带发展；向东南，沿哈绥公路发展；向南沿京哈公路和哈五公路在王岗镇及平房区附近发展；向西，沿松花江南岸和机场公路在新发镇、新农一带发展（图4-5）。除了东南和西部存在较多问题外，城市西南部、东部城市发展储备土地量很大。其次，从城市空间发展模式上看，哈尔滨的半同心圆式城市形态，城市空间的自组织发展是沿交通线指状扩张，然后再进行指间填充，其发展的方向也不是跨江发展。最后，从城市空间扩展的成本效益看，由于哈尔滨段松花江宽度过大，桥梁建设的成本比较高。同时增加了新城区与老城区之间的空间距离，必然提高人们出行的交通成本。表4-5为在城市西部、西南、和北部分别划定180平方公里的发展用地进行开发成本的比较，可以看出，跨江发展的防洪成本和交通成本要远远高于其他两个发展方案。所以，哈尔滨的跨江发展并不是城市空间发展的自组织结果，而是人为调控的结果。

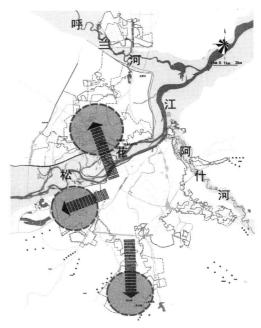

图4-5　哈尔滨城市空间扩展方向
（资料来源：作者自绘）

哈尔滨城市空间的跨江发展其实是城市主体对城市长期发展的一种战略选择。这种战略选择主要基于以下几个方面：①跨江发展有利于强化哈尔滨与经济腹地的联系，发挥中心城市的辐射功能；②跨江发展有利于完成哈尔滨的产业升级，开拓新的产业发展空间，提高城市的竞争力水平；③跨江发展有利于保护城市生态环境，避免城市空间"摊大饼"式地蔓延；④跨江发展有利于充分发挥松花江水系的生态、景观、文化功能。可以说，哈尔滨的跨江发展是以较为集中的投入，赢得城市整体或部分跳跃式发展，换取在长远时期获得更大的发展空间、更快的发展速度和更显著的发展效益，以便实现赶超战略。城市跨越式发展中，要跨越的对象是不同发展阶段的城市要素，是目标导向型的探索。因此，这种人为规划的超前型跨江发展与自组织式的跨江发展相比，面临的阻力更大，城市发展所需跨越的门槛更高。

哈尔滨城市空间扩展方案经济评价　　　　　　　　　　　　　　　　　　　　　　表4-5

	指标	向西部发展	向西南发展	跨江发展
土地征用补偿费用	土地征用费（万元/亩）	1.465	1.33	1.1
	耕地占用面积（平方公里）	109.3	148.4	130.19

续表

	指标	向西部发展	向西南发展	跨江发展
拆迁费 安置费	农房拆迁费总量（亿元）	6.954	11.808	8.281
	农村人口安置费（亿元）	1.541	1.895	1.528
防洪（排涝）	防洪总造价（亿元）	2.0	3.2	11
交通状况	交通通道建设费（亿元）	7	4.5	32

（资料来源：中国城市规划设计研究院. 哈尔滨市松北新区发展规划. 内部资料，1997.）

③跨江面临问题

由于典型城市跨江发展的发展阶段和主导力量的不同，导致城市跨江发展面临的问题不同。

吉林市处于跨江发展的整合阶段，面临的主要问题是两岸城市空间的整合问题。江北工业区建筑环境、生态环境较差，工业粉尘污染较大，松花江流过江北后，污染物主要指标COD增高明显。江南地区作为城市发展的增长点，没有起到拉动城市经济增长的作用。位于江南地区的高新技术开发区经济地位并不突出，其经济总量与其他区县的经济总量基本持平。江南高新区技工贸总收入、GDP两项指标近年来呈下降趋势。土地开发面积也呈下降趋势，表明江南地区经济发展缺乏活力。城市北部由于跨江较早，跨江桥梁较多，南部只有三座桥梁联系老城区与江南地区，而且分布不均，跨江桥梁少也是制约两岸城区协同发展的重要原因。

哈尔滨规划调控为主导的跨江发展正处于起步期，面临的问题更加复杂。首先，跨江通道数量少，制约了跨江发展的进程。其次，松北新区开发的用力分散，没有短时间内形成新的城市中心，人气不旺。虽然，最近几年在松北新区建设了市政府办公大楼、哈尔滨商业学院分校、哈尔滨师范大学分校和一些住宅小区，但是这些开发项目不集中，分布于前进、松浦和利民三个组团中。开发没有重点，无论从形象和功能上看，都没有形成一个引导后续开发的新城核心。再次，圈地式的开发方式，制约了开发的有效和谐。开发商对松北地区开而不发，影响了城市开发的进程。最后，一些新建设小区标准低、环境差，影响了松北新区的形象，影响了人们在松北区居住择业的信心。

佳木斯由于近几年城市人口机械增长为负值，市域范围内人口以净迁出为主，经济增长缓慢，导致了城市跨江发展的动力不足。

典型城市跨江发展比较 表4-6

			吉林	哈尔滨	佳木斯
跨江条件	水系环境条件	河道宽度（米）	550	2000~5000	1000
		河道稳定性	较好	较差	一般
		防洪压力	较小	较大	较大
	城市自身发展条件	城市经济实力 GDP（亿元）	725（2006年）	2094（2006年）	278.5（2006年）
		人均GDP（元）	16900（2006年）	21472（2006年）	11230（2006年）
		城市形态	带形	半圆形	带形
		跨江交通设施	8座	4座	2座
	区域关系	城市群层面	长吉城市群与城市跨江发展关系较弱	哈大齐城市群拉动城市跨江发展	黑龙江省东部城市群促进城市跨江发展
		市域层面	城市与区域作用关系较强	市区与市域经济的势能差能促进城市跨江发展	经济发展水平较低，对城市空间扩展的需求不大
跨江主导力量			城市发展自组织力	规划调控为主	
跨江阶段			整合期	起步期	准备期
面临主要问题			两岸城市空间的衔接与整合	新区中心辐射功能的形成	城市自身实力的提高

　　跨江发展是滨江城市发展的重要理念。应当指出，市场的冲动、城市的转型和行政的急躁，在一定程度上给城市跨江式发展理念带来简单化和普遍化的倾向，导致城市建设中出现的随意性和盲目乐观的偏差。发展的不平衡是实现城市跨江发展的基本前提。在某地域内，不可能所有城市实现同等程度的跨越式发展。即使在制定跨江发展的目标后，还应推敲各自的跨越幅度，跨越的幅度指城市现有某项内容的发展水平与其跨江后所能达到的水平的差距。跨越幅度过小，浪费发展机遇；跨越幅度过大，造成发展失衡。应该结合城市发展水平、外部环境条件、跨越内容的特点来推测跨越幅度。总之，实施跨江发展对城市来说是必要的，但并不是每个城市都必然能够实现这种跨越式发展。

4.4　典型城市空间跨江发展模式

　　城市跨江发展具有很大不确定性和复杂性，涉及城市的经济、交通、文化、环境、管理等多方面的内容，但最终要落实到城市的空间形态上，落实到城市与江河的关系上。

　　由于城市规模、发展程度不同，以及松花江不同区段河道自然特性的不同，城市跨江发展的时机与模式会有很大的不同。良性的空间扩展要求经济发展与城市建设有较佳的结合点，符合结构与功能的协调与整合规律，从而决定何时集中，何时走向分散。一个好的城市空间扩展模式可以对城市经济的发展，城市环境的改善以及城市文化的延续产生巨大的促进作用，并能够创造出一个舒适美好的聚居环境。反之，组织混乱的空间扩展模式必然会造成城市环境的无序发展，阻碍城市经济增长，影响城市生活的品质。

4.4.1 吉林——两岸协同发展型

（1）引导城市沿江扩展

纵观吉林城市空间发展的历史，松花江作为自然轴脉引导了城市空间的扩展，松花江三曲五折的走势形成了北部工业区，中部生活、商业区，南部文化科技区的"一水三区"两岸发展的格局。基于前文对吉林市城市空间形态演变的分析，可以得出城市空间扩展的重点仍然是沿江地带，而主要方式是引导两岸地区协同发展。

具体来说，就是沿江向上游发展温德河以南的小白山地区，向下游发展九站地区，中心城区向西、向北、向南三个方向呈较为均衡的发展。小白山地区处于松花江上游和城市主导风向的上风向，因此适宜发展为对环境干扰较小的文化、居住用地；九站地区

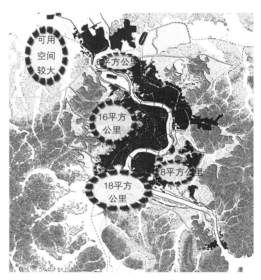

图4-6 吉林城市建设用地潜力分析
（资料来源：中国城市规划设计研究院. 吉林市城市空间发展战略规划. 内部资料，2005.）

处于松花江下游、下风向且与江北吉化组团隔江相望，因此适宜发展为工业用地（图4-6）。

北部九站地区为1998年建立的吉林经济技术开发区，规划面积28平方公里。其所处的地区地势较为平坦，用地充裕。但是由于其距离市中心约18公里，这种空间关系决定了其势必成为相对独立的区域。若单独发展势必面临较大的阻力，应充分利用其与龙潭开发区和吉化工业区隔江相望的优势，协同发展。可以利用临近吉化工业区和哈达湾工业区的优势，发展配套产业，并为中心城区"退二进三"提供空间[47]。鉴于化工产业的污染并存在一定的危险，应视条件可能迁移部分生活功能至九站地区。使九站形成以产业功能为主，配套相对完善的产业新城。

南部小白山地区的可建设用地达到18平方公里，与江南高新技术产业开发区隔江相望，可通过建设跨江交通设施，加强江南高新区与小白山地区之间的联系。首先，可以利用开发区现有完善的城市设施为小白山地区提供便利的基础设施和公共设施，缓解非城市化地

区起步期的巨大投入，促进小白山地区开发；其后，以居住、商业为主要功能的小白山区域建设达到一定规模后，可以辐射江对岸的经济技术开发区，提升开发区人气，改变江南"开而不发，发展缓慢"的情况。通过两岸的协同开发，达到相互促进，共同发展的局面。

（2）缝合两岸城市空间

吉林市松花江沿江带用地布局由北到南依次为江北的吉化片区、哈达湾工业片区、中心团综合生活片区、江南高新技术片区。就沿江地段的用地性质而言，哈达湾处和江南高新区处工业用地较多，其余地区均以居住用地居多。按照区段划分，沿江带用地性质为：江左岸，从临江门大桥至江湾大桥地段现状用地布局基本为公共建筑用地，从江湾大桥至松江大桥段基本为居住用地，而松江大桥以北的哈达湾处基本为工业用地；沿江的右岸，江南部分以公建和居住用地为主，东岸的江南和江北之间，除了北华大学和铁路编组站，大部分为废弃地。

滨水地带一直是城市建设和开发的热点地区，由于吉林市空间外延的特征不明显，城市空间发展依赖大量的旧城更新，因此，沿江地区的大多已经过改造。目前，沿江地区具有开发潜力的地段已较少，主要是未开发的空地和有待开发的用地。未开发的地段有：东岸的龙潭开发区沿江未开发地段，东岸的江湾大桥至北华大学之间的地段，温德桥以南的沿江两岸未开发地段。有待开发的地段有：西岸的哈达湾工业区段，东岸的龙潭山火车站附近沿江地段，西岸的江湾大桥附近的永强小区地段，东岸的图书馆南侧的破旧居住用地。总体来说，可供开发的滨水空间在长达26公里的两岸岸线里面只有8公里，合计比例为31%。基于这种稀缺性的特点，未来城市空间发展中对于滨水空间的利用必须统筹安排，合理布局（图4-7）。

保证松花江沿线的公共连续性，是发挥水域开放作用的前提。沿江地带尽可能的开发建设文化、体育休闲等公益性设施。结合城市总体开发的需要，在沿江未开发地段以及需要改造的地段开发公共服务性设施。通过公共服务设施的注入，一方面吸引人流，增强滨江地区与城市的融合；另一方面强调

图4-7 吉林沿江带开发潜力分析
（资料来源：中国城市规划设计研究院. 吉林市城市空间发展战略规划. 内部资料，2005.）

沿江资源的共享性，尽量避免或者减少住宅区、工厂等的独占。沿江带尽量提供可能多的公共开放空间，如休闲广场、公园等。通过布局均衡的节点绿化广场、开敞壮观的大型江畔公园，将滨江地区建设成为城市公共绿化开放空间。公共开放空间的建设，一方面改善沿江生态景观，形成序列有致的空间布局；另一方面为市民娱乐休闲提供尽可能多的滞留空间，增强沿江资源的共享性和提升沿江景观环境效益。

（3）促进近江中心形成

吉林市1990年以后，城市空间在向外围拓展的同时，进行了城市内部空间的更新和改造。为了发挥沿江的公共性作用，政府欲将城市中心沿江布置，逐步将城市的行政中心迁至哈龙湾与江湾大桥之间的西岸沿江地带。尽管如此，城市的商业文化中心依然在各组团的中心地段，沿江还是未能成为城市的商业商务中心。这种促进近江中心发展的思路是对的，通过近江中心的建立可以辐射对岸，促进两岸城市空间的联合；但是，将行政中心迁至江边，占用了沿江宝贵的土地资源，削弱了滨江空间的商业文化休闲氛围，而且导致了大量车流汇集到沿江道路上，反而抑制了城市近江中心的形成。在临江门大桥到江湾大桥之间的老城区沿江地带分布着市委、市政府、市人大、船营区政府和其他一些市属机关，政府机关占据着滨江地带。吉林的传统商业中心——河南街商业区距江边只有几百米，而且已经形成沿珲春街向江边渗透的态势，但是由于市委、市政府两个街区的阻隔无法延伸到滨江地区，影响了滨江地区商业中心的形成，从而也削弱了老城区对江对岸江南地区的带动。

可见，促进跨江城市两岸协同发展的近江中心，不是任何功能的城市中心都可以，而应是符合城市地租理论，能够最大限度体现滨江区土地价值，具有辐射能力，能够带动对岸城区开发的商业、商务、文化中心。只有这种性质的城市中心才能充分发挥对岸土地因隐含的价值而具有深度开发的优势，才能密切新旧城区的联系，促进两岸的协同发展。

同时，由于吉林市区内松花江江面较宽，老城区中心对江对岸的辐射力有限，应在江对岸建立与老城中心区呼应的新中心区，起到辐射新区的作用。吉林世纪广场位于城市主轴——吉林大街上，通过吉林大桥与老城区相连，城市区位环境优良。广场经过几年的建设已经形成了良好的环境氛围，广场中央的世纪之舟已经成为吉林现代建筑的标志，具备建设城市中心区的条件。今后应围绕吉林广场设置商业、商务、文化体育设施和高档居住区，使其成为吉林市的中心商务商业区，引导江南地区的开发，使两岸协同发展（图4-8）。

（4）加强两岸交通联系

制约吉林城市空间协同发展的很重要的因素就是跨江桥梁数量少，且分布不均。在长达26公里的沿江带上只有7座跨江公路桥梁、1座铁路桥，平均距离为3250米。这与发达国家和地区的跨江城市桥梁设施的建设有很大差距。伦敦的跨河桥梁和隧道共有30座，平

a）设计方案草模

b）规划总平面图

图4-8　吉林世纪广场二期工程设计方案
（资料来源：天作建筑）

均距离600米；纽约所跨的哈德逊河有1300米宽，跨河设施共有59座，平均距离1100米；我国上海所跨的黄浦江宽度在500米左右，跨江桥梁和隧道共有12座，平均距离2000米。另一方面，是桥梁设施的分布不均衡。江北地区由于跨江较早有四座公路大桥与对岸相连，江南地区只有三座公路桥，而且临江门上游就没有跨江设施联系两岸城市空间，只能依靠摆渡。这也是导致江南高新技术产业开发区发展缓慢的直接原因之一。因此加强两岸的交通联系是保证城市空间协同发展的必要条件。在制定吉林小白山地区控制性详细规划时，根据吉林市未来交通需求的分析[51]，在不到4公里的岸线上规划了3座跨江桥梁（图4-9）。特别是将城市主轴吉林大街与松花江交界处设置跨江桥梁是对上一轮的城市总体规划做出的修改，既使城市中轴得到了延伸，又强化两岸联系，能够起到促进小白山地区和江南开发区共同发展的作用。

现状桥梁
规划桥梁
大交通量道路
小交通量道路

图4-9　吉林市路网流量与跨江桥梁规划
（资料来源：作者自绘）

4.4.2　哈尔滨——双核互补发展型

（1）城市副中心的功能定位

哈尔滨原有的"单中心"蔓延式生长，城市每次蔓延必然会带来扩展区对中心城区的依赖。这些依赖，既包括新区的生产、生活活动对原有城区特别是市中心服务的依赖，也包括新区的居民在原有城区就业需求的依赖。这就意味着，城市的蔓延、功能的"外溢"，会对原有城区特别是市中心产生各种"回波"压力[52]。在城市空间形态增长的一定范围内，这是一种正常状态。但是，当城市"单中心"蔓延式的圈层发展超出一定规模后，不仅会引发原有城区特别是市中心地区功能密集、负担过大、交通拥挤、居住紧张、环境恶化等种种问题，而且也会逐步加大新区获取所需的"市中心服务"的难度，从而导致新区的生活品质、生产效率等不断下降。因此，城市发展到一定规模后，城市若仍继续"单中心"式发展，扩展越大，"回波"也越大，这种情况会愈演愈烈，城市整体发展受损将步入无法自拔的恶性循环。

哈尔滨段松花江由于宽度很大，江中有滩岛，防洪压力也非常大，与吉林市段松花江在城市跨江后衔接两岸城市空间的作用有很大不同。首先，松花江宽度导致视觉感受上不同。有人根据林蒂、芦原义信、布尔尼弗尔特、高桥鹰质等人对识别距离的研究总结出当江河宽度超过1200米时，仅能看见对岸景观轮廓，在天气不好时还若隐若现，因此两岸的联系感就很弱[53]。站在松花江岸边眺望时，可以让人体会到狭小的城市空间与无垠的天空和遥远岸线的对比，体会到松花江的开阔感。其次，由于松花江宽度导致了跨江桥梁的建设费用提高，因此跨江桥梁必然不能过多。所以，哈尔滨城市空间跨江发展理应成为避免城市"单中心"蔓延式扩展的契机。围绕公共设施建设的新城区，新城区应解决居住和就业问题，从而尽量减少人流钟摆式的往来与两岸之间所造成的交通压力。哈尔滨江北地区在功能上与哈尔滨江南市区应进行区域与区位分工，形成城市主体的"双核心"互补式的城市模式，这样可以合理分流人口，合理产业布局关系，既能够扩大都市圈内人口的就业范围，又能够降低就业群体的通勤半径，形成城市人口合理的流动。

哈尔滨城市空间跨江发展，应注重构建哈尔市的沿江形象，发展港口经济带，形成规模经济体系；注重加强与哈大齐经济带的联系，建立哈尔滨市产业经济跨江体系，参与对江北地区的科技、教育和农业经济开发。因此，跨江发展的着力点要放在完善城市功能、提高效率和质量上，而不是简单地扩张、卖地、上项目。

（2）多组团式的空间布局

传统的城市空间形态一般是空间连绵的团块状结构，但易造成大城市污染交叉、交通拥挤及"热岛效应"等城市问题。而城市空间扩展采用分散组团布局，结合城市自然条件，设立绿化隔离地区，缓解城市开发所带来的压力，利用绿色生态空间对城市硬质界面围合的空间进行阻隔，防止城市空间成片连绵扩大。留出的绿色空间要产生足够的生态效应，提供城市生态补偿和绿当量。

哈尔滨江北是一块湿地，从城市功能与地势上看，应以旅游、度假、休闲、观光为主，进行绿色建设、绿色开发，确保松花江北岸生态功能。在空间发展上应确立更加开放、更有弹性、更适应变化的"有机组团式"结构。各组团相对分散、独立，但都是完善的城市功能区，具有完整的职能结构和自增长的能力，彼此之间以快速交通联系，以绿化隔离带分隔，在支持、促进城市活动性增强的同时能够保持良好的城市生态环境。

1996年制定的哈尔滨松北发展战略研究和2002年制定的哈尔滨战略规划中结合当时的居民点分布情况和行政区划分状况，将松北区未来发展框架规划为由前进组团、松浦组团和利民组团组成的组团式结构，并分别为每个组团定位，可以说为松北城市空间良性发展发展打下了坚实的基础（图4-10）。但是，

图4-10 哈尔滨城市空间结构
（资料来源：哈尔滨市规划局. 哈尔滨市总体规划（2004—2020）. 内部资料，2003.）

组团还是大饼结构，不光要看形态，还要看内涵，基础设施和公共配套设施是关键。假如设施配套是按照组团来落实的，即使隔离不明显，它的功能运行还是清晰、有效的。反之，即便中间有绿化隔离，但配套没跟上，还是离不开原来的中心，那实质上还是摊大饼，只不过是松散的大饼而已。现在，三个组团只是空间上拉来开距离，基础设施和公共设施的建设还不完善，组团的内聚力不强。很多打算到江北购房的居民看重江北的自然环境优势，但是面临医疗、教育设施不完善的情况而踌躇不前。因此，未来的发展中应加强每个组团自身设施完整性的建设。

（3）公交导向的开发模式

"新城市主义"是1990年以后西方城市设计领域兴起的一个重要流派，其设计思想已经对美国的新型社区的建立和城市肌理的重构产生了一定影响。其在实践中具有代表性的开发模式之一是"以公共交通为导向的开发"，称作TOD（Transit-Oriented Development）。TOD模式，将区域发展引导到沿轨道交通和公共汽车网络布置的不连续的节点上，充分利用交通与土地使用之间的基本关系把更多活动的起始点和终点放在一个能够通过步行轻松到达公交站的范围之内，使更多的人能使用公交系统[55]。围绕公共交通中心设置开放空间，提供社会服务、商业设施和办公场所，紧凑、致密的居住社区布置在步行可达范围之内。TOD模式的核心内容是以公共交通为导向的开发模式，对哈尔滨的跨江发展有借鉴意义。

　　松花江过江通道的压力将会越来越大，松花江公路大桥现在已经不堪重负，而且松花江的宽度使得跨江通道的成本非常高，随着私人汽车拥有量逐年提高，过江通道建设速度将赶不上交通量的增加量。因此，将精力投入到公共交通，特别是轨道交通的建设上将起到事半功倍的效果。

　　哈尔滨是因铁路而兴起的城市，市区铁路网呈"T"形加环形分布，铁路线上与城市关系密切的有12个小型站点，将江南各区和江北前进、松浦组团联系起来，这些地区是城市主要生活居住和就业区。现状铁路线路分割城市中心区，使得城市交通联系不畅。如果利用部分铁路网组织城市轨道交通，参与城市客运交通服务，将会变不利为有利。江北地区以轻轨或铁路的方式跨江与市区铁路网相连，将大大缩短两岸之间的时间距离（图4-11）。一则铁路资源得到了充分利用，确立铁路在城市交通中的地位；二则有利于城市人口向江北转移，提升江北开发速度，改善老城区居住生活环境。

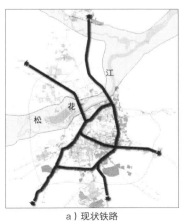 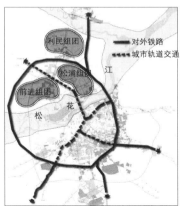

ａ）现状铁路　　　　　　　　　　ｂ）铁路改造构想

图4-11　哈尔滨铁路网改造构想
（资料来源：笔者自绘）

　　法国巴黎新城建设就是以公共交通，特别是大运量的轨道交通为依托，利用公交站场组织城市空间，沿交通轴以老城区为起点，由近及远渐次开发，在总体上形成葡萄串状的灵活布局，在局部形成相对独立的城市组团，保证了土地的高效率利用[57]。哈尔滨江北总体规划中形成的三足鼎立的组团式格局，通过建立轨道交通发展轴渐次开发，首先重点发展前进、松浦两个沿江组团，在两个组团发展完善，形成规模之后，再沿交通主轴进行群力组团的开发。沿公共交通轴的分期渐次开发，符合城市空间发展的自组织原理，同时又避免了城市均衡扩展的弊端。

（4）突出重点的开发进程

哈尔滨跨江前，对岸属于传统的农业生产地区，两岸的差异为典型的城乡差异。城市跨江发展时，主要依靠原有中心市区的扩张和带动，通过中心市区新建项目过江和政府机构率先过江的带动实现对岸地区的城市化，并融入与市中心区的一体化发展。这种模式启动时阻力大，速度慢、发展周期长，在一定程度上还必须以牺牲市域其他地区的发展为代价。但进入发展阶段后，机制顺畅，两岸一体化程度高，功能组合协调。现在松北地区发展的主要问题是开发的力量平均，铺开面过大，没有形成集中的城市核心区域。南京市的跨江发展过程就是一个例子，南京市江北的浦口地区自新中国成立前京浦铁路开通后就已开始城市性开发，并在此设立了火车站，新中国成立后又在江北布置了南化等大型工业企业及数所高等院校，并建设了南京长江大桥。改革开放以来在江北设置了国家级高新产业技术开发区，南京大学和东南大学等还在此建立了分校。行政区划上也较早设立了浦口、大厂两个城市区级建制，但是由于开发力量平均，至今江北开发还处于迟缓状态。

哈尔滨松北新区由城市郊区发展而来，应快速形成集聚效应，改变其城郊印象。通过重点建设城市中心的开发方式，在短期内形成规模，尽快发挥集聚和辐射效益。重视大型项目的带动作用，用过建设具有较高社会效益和经济效益的基础设施、高等院校、科研机构、商业服务、文化娱乐等设施，吸引和带动城市建设的集聚发展。其次，凭借良好的生活环境，吸引哈尔滨城市中心区和郊区的人口。

（5）松北中心区城市设计

松北中心区位于松花江北岸，北边是三环线，南部为松花江，东临松花江公路大桥，与江南老城区连接方便。区域内一条发源于松花江最终汇集于松花江的内河蜿蜒流过，横贯东西的世贸大道已经建成通车，市政府行政办公中心和一些住宅小区已经建成，但是存在各自为政、缺乏联系、服务设施缺乏等问题，没有形成带动新区发展的区域中心。因此，设计任务面临着调整深化总体规划内容，整合现有建筑环境，塑造新城中心的任务。基于对现状环境深入了解，在设计中着重从强化区域的中心性、生态性、标志性三方面入手。

首先，突出中心性。从区域的功能组成看，新城中心应提供完备的基础设施、公共设施，从而形成较强的服务能力，才能避免给老城区带来"回波"压力。规划中形成了以行政中心为主多种功能区混合，具体包括四大功能区：行政办公区、中心商务区、商业居住区、休闲文化区，每个区域内部又形成多种功能的混杂。在空间结构上，以横向的"三带"即滨江景观带、滨河休闲带、世贸大道景观带来整合区域，以纵向垂直于松花江的楔形开放空间串联省政府办公楼和商务中心强化区域的中心性。在城市景观上，以省政府办公楼及中轴开放空间为核心，设置高层商务办公建筑群，使区域成为沿江天际线的高潮，从形态上凸现其中心地位（图4-12）。

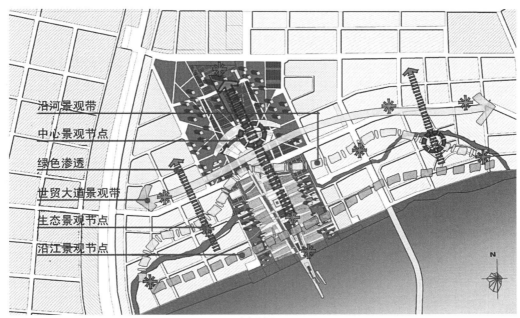

沿河景观带
中心景观节点
绿色渗透
世贸大道景观带
生态景观节点
沿江景观节点

a）规划平面图

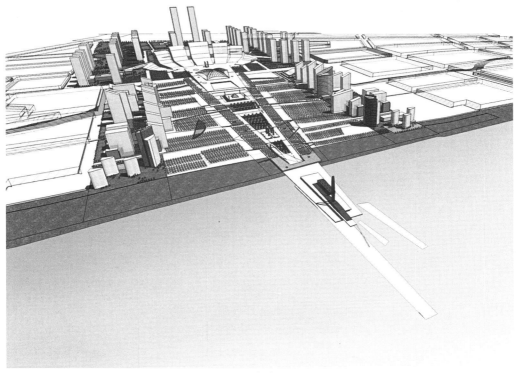

b）鸟瞰图

图4-12 松北中心区规划设计
（资料来源：天作建筑）

其次，融入生态性。松花江北岸空气清新，植被茂盛，生态环境优良，为建设生态和谐的人居环境提供了良好的基础。在规划中，我们提出了建构绿色网络的生态设计概念。首先，以中轴楔形绿带贯穿区域中心，结合开放空间联系滨江绿带、内河绿带和黑龙江省政府北部的绿化公园；其次，规划若干条垂直于松花江的道路，结合道路设置楔形绿化带，通过设置纵向林荫道将滨江绿带、内河绿带、世贸大道绿带串联起来，形成绿色网络结构（图4-13）。绿色生态网络结构有利于促进区域"生态安全格局"的形成，提升人居环境品质。

最后，强化标志性。每一个成功的区域开发项目，都有一两个主体建筑是整个项目的骨干，在形象上树立整个区域的风格，成为区域的标志性符号，如法国德方斯大门、上海浦东的金茂大厦等。省政府作为区域中心，其设计力求强化对区域的统帅与控制作用。作为区域轴线景观序列的核心节点，建筑顺应中心楔形绿轴的趋势，采用地景处理手法，将建筑与广场连为一体，宛如自然生长的山体（图4-14）。在满足功能需要的同时，形成了独具特色的建筑形象。

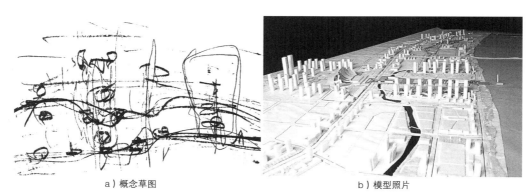

a）概念草图　　　　　　　　　　　　　　　　b）模型照片

图4-13　松北中心区"绿色网格"生态设计概念
（资料来源：天作建筑）

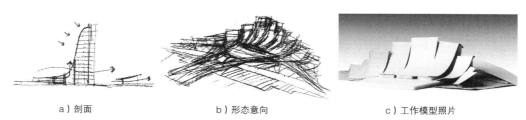

a）剖面　　　　　　　　b）形态意向　　　　　　　　c）工作模型照片

图4-14　中心标志建筑设计意向
（资料来源：天作建筑）

4.4.3　佳木斯——主副连接发展型

（1）跨江发展的有利因素

①带形城市发展的必然

由于带形城市的狭长形态，长期发展将会造成城市交通的不便，且一旦达到长度极限，便会陷入发展瓶颈。所以，在佳木斯的经济实力达到能够承担跨江发展所需的一次性投资时，应该及时的把握城市跨江转型的时机，拓展城市发展的新空间。由于中心区和东部地区的北向有柳树岛的存在且江面过宽，不宜作为城市的跨江发展点。而城市西部的北面，连接莲江口镇及其西南地区，且江面宽度适宜，可以作为首选的城市的跨江区域（图4-15）。

图4-15　莲江口镇与佳木斯主城区空间关系
（资料来源：佳木斯市规划局）

②区域环境的空间吸引

佳木斯处于松花江"正三角"城市带的东部城市群中，而佳木斯是东部城市群重要的能源和资源带中心。鹤岗、双鸭山、鸡西与七台河四大煤城距佳木斯距离比较适中，水平距离在60~175公里之间，特别是鹤岗距离佳木斯最近，公路里程为65公里。除煤炭资源外，另有丰富的金、石墨、硅线石及大理岩等矿床，均具有重要的开采价值。因此，佳木斯市完全可以凭借和依靠优越的自然地理位置，方便的水陆交通，丰富的水资源，现有的电力资源和工业基础及政治、经济、文化、科技等优势，建立和发展围绕上述各类矿床的开采、冶炼及相应的加工企业。同时依靠东部"北大仓"的农特资源和西部的林牧资源，把佳木斯建成为黑龙江省东部的轻重工业基地[56]。从整体的战略上来看，由北向南，鹤岗、佳木斯、双鸭山、七台河、鸡西五城市正好分布在资源蕴藏丰富的矿业带上，因此莲江口发挥港口航运功能，北连鹤岗的区域要求非常突出。

③江北优良地质吸引

佳木斯江北地区河漫滩及山前台地地势平坦，堆积物为中粗砂、砂、砾石和亚黏土及局部淤泥质土，地基承载力除沿江和山前局部地段外，R值均大于15吨/平方米，介于15～30吨/平方米之间；地面15米以下主要为砂、沙砾层或基岩弱风化带，R值一般大于25吨/平方米，适于各类工程的建筑，只要沿松花江漫滩采取必要的防洪措施后，即可作为城市建设的良好用地。相对于江南丘陵山地较多的局面，江北地区的可建设用地条件优良。

（2）跨江发展的动力不足

佳木斯现今市域城镇化水平达到47.92%，市区城镇化水平已达72.63%。城市化发展具有以下的特点。第一，市区城市人口与非农人口相差不大，比例达到4.3∶3。主要是由于外来人口的迁入量较少和城市郊区的非农化水平较低造成的，这也反映了佳木斯典型的城乡对立现状。第二，城镇化水平与城市经济水平不符合。按经济收入与城镇化程度的比例，人均GDP在200~800美元时，城镇化水平应为20%~40%。而佳木斯的人均GDP为将近700美元，所以城镇化水平应低于40%，而不是现在的47.92%。这说明了佳木斯目前的经济状况不佳，产业结构不合理和劳动力效率和质量的低下。第三，城镇化与非农化水平接近，说明了城乡发展速度趋于接近。从以上分析可以看出，佳木斯市区正处于缓慢增长阶段，城市经济发展动力不足是制约城市跨江发展的障碍。

（3）跨江发展的模式借鉴

从以上分析可以发现，佳木斯城市空间跨江发展是城市未来发展的必然趋势，但现阶段城市经济动力不足制约了城市空间跨越式发展，同时城市也无力提供城市跨江发展的经济支撑，佳木斯处于跨江发展的准备期。这就需要佳木斯在一段时期内既不能盲目地跟风跨江发展，实施赶超战略，也不能无所作为。这里可以借鉴杭州市跨江发展模式。

杭州市自建城以来，城市开发重点一直在西湖湖滨、钱塘江以北地区，对钱塘江以南基本走地方自主开发之路。江南的萧山由新中国成立前的农业县起步，发展为建制市，到2004年市区面积已经由1980年代初的4平方公里发展到42平方公里，而且城市经济实力雄厚，设施配套，功能齐全，建立了较为独立完善的城市公交系统，城市中心区服务功能强大，人气旺盛。到杭州大都市需要扩张时，2001年萧山市整个建制并入，达到城市跨江的最佳效果，由于江南地区本身就是一个健全的新城区对杭州市民具有强大吸引力。杭州市陡然增加了100%的人口和300%的用地规模，这也使得城市制定的"城市东扩、旅游西进、沿江开发、跨江发展"的战略目标有了实现的基础和可能[57]（图4-16）。杭州终于可以从"西湖时代"走向"钱塘江时代"。

佳木斯的城市性质、规模虽然与杭州有很大差别，但是杭州走两岸独立发展，待时机成熟再进行联合的跨江发展模式对佳木斯

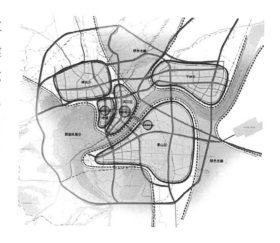

图4-16 杭州跨江发展后城市空间结构
（资料来源：沈磊. 快速城市化时期浙江沿海城市空间发展若干问题研究［D］. 北京：清华大学，2004.）

还是有借鉴意义的。针对佳木斯城市本身城市经济实力不强的特点，可以重点发展江南地区。江北地区以莲江口镇为核心实施自主发展的道路，待发展到一定规模，设施配套较完善，形成完整的城区，而江南地区有跨江发展的需求时，可以直接变镇为区，将莲江口镇直接并入佳木斯主城区，主副城区结合，以最小的代价实施跨江战略（图4-17）。

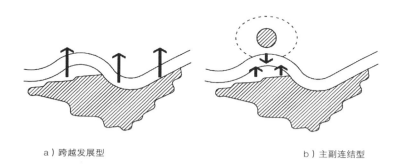

a）跨越发展型   b）主副连结型

图4-17 佳木斯跨江发展模式比较
（资料来源：作者自绘）

4.5 本章小结

本章对典型城市跨江发展模式进行研究。首先，对滨江城市跨江发展的动力机制做总结性研究，包括三个方面：区域整合发展的要求；城市空间拓展的需求；水域环境资源的吸引。其次，对城市跨江发展的限制条件从自然环境因素、经济技术因素和市民心理因素三个方面进行了分析。再次，对典型城市跨江发展的历程、条件和面临问题进行比较分析。通过比较分析总结出：吉林市处于跨江发展的整合期，主导力量是城市发展的自组织力，面临的主要问题是两岸城市空间的衔接整合；哈尔滨市处于跨江发展的起步期，主导力量是以规划调控为主的外力，面临的主要问题是强化新区的中心辐射功能；佳木斯市处于跨江发展的准备期，其面临的主要问题是发展动力不足。由于典型城市的区域环境、自然环境、城市发展历程、城市规模、经济水平以及城市形态等多种因素差异，导致了城市不能以同一方式、同一时间跨江发展，必然有不同的发展模式，不能照搬照、盲目跟风。基于以上的分析并结合典型城市的具体情况，本章最后提出典型城市跨江发展的三种模式：吉林为两岸协同发展型，哈尔滨为双核互补发展型，佳木斯为主副连结型。

第5章

依江而长的
空间格局

5

生态城市是当前世界城市发展的主要方向，其概念主要包含两方面内容：其一，实现城市内部生态化的运作过程；其二，实现生态城市与区域生态背景的有机联系。而后者是实现生态城市的前提条件。

松花江流域典型城市是镶嵌在流域生态系统之中，并与流域大系统保持生态联系的环境体系。松花江水系分布广泛，是各种生态景观要素间物质流和能量流的连接渠道，是流域生态系统的重要载体。因此，面对普遍存在的典型城市建设迅猛膨胀和生态环境日益恶化的现状，解决城市发展和环境保护之间矛盾的关键就在于建立区域范围的大尺度生态架构，以水网生态环境的和谐发展为导向规划城市空间布局，使城市与流域自然生态环境相得益彰，互惠共生。

5.1 典型城市景观生态格局分析

5.1.1 景观生态学与城市生态格局

（1）景观生态学的概念与方法

景观生态学（Landscape Ecology）将具有表象特征的景观和具有内涵机制的生态有机融合的交叉学科，是地理学、生态学以及系统论、控制论等多学科渗透而形成的一门新的综合学科。

景观生态学的主要研究内容可概括为三个基本方面：①景观结构，即景观组成单元的类型、多样性及其空间关系；②景观功能，即景观结构与生态学过程的相互作用，或景观结构单元之间的相互作用；③景观动态，即景观在结构和功能方面随时间推移发生的变化。景观的结构、功能和动态是相互依赖、相互作用的（图5-1），而景观结构是景观功能和过程的基础，其核心就是景观异质性的维持与发展[58]。从景观生态学的研究内容来看，景观生态学与其他生态学派的重要区别在于，将人类干扰活动纳入研究范围中来，促进了人类生态学的研究，把研究人类个体、人类群体、人类制度及文化等多个学科综合在一起。近年来，由于人类不合理的开发和利用自然资源，造成流域生态环境的恶化，为了合理开发流域资源和保护生态环境，许多发达国家试图运用景观生态学的理论和方法，研究流域内各系统的结构与功能，以及系统之间的相互影响和作用，其中涉及的主要理论是土地嵌合理论[59]。

哈佛大学设计学院景观系的福尔曼教授（R.T.T. Forman）在1995年提出了土地嵌合体（Land Mosaics）概念。土地嵌合系统相当于一个景观单元，由各类景观空间元素组成，反

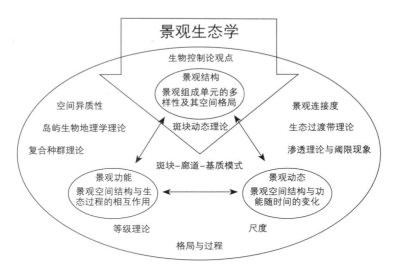

图5-1 景观生态学的基本概念和理论
（资料来源：邬建国著. 景观生态学格局、过程、尺度与等级［M］. 北京：高等教育出版社，2000.）

映一个细致的地区生态系统如何运作的种种信息。在土地嵌合体理论中，斑块、基质、廊道三种基本元素构成了景观的空间格局。

斑块泛指与周围环境在外貌或性质上不同，但又具有一定内部均质性的空间部分。这种所谓的内部均质性是相对于其周围环境而言的。具体而言，斑块包括植物群落、湖泊、草原、农田、居民区等。由于其大小、类型、形状、边界以及内部均质程度都会显现出很大的不同。

廊道是指景观中与相邻两边环境不同的线性或带状结构。常见的廊道包括农田间的防风林带、河流、道路、峡谷、和输电线路等。廊道类型的多样性导致了其结构和功能的多样化。其重要结构特征包括：宽度、组成内容、内部环境、形状、连续性以及与周围斑块或基底的作用关系[60]。根据廊道的起源、人类的作用及景观的类型，廊道可分为三类：线状廊道、带状廊道及河流廊道。

基质是指景观镶嵌体的背景生态系统或土地利用类型，具有面积大、连接度高和对景观动态具有重要控制作用等特征，是景观中广泛连通的部分。常见的有森林基质、草原基质、农田基质、城市用地基质等。

斑块、廊道、基质这三者的安排与空间关系决定性地影响了景观单元与区域单元中的自然系统运作与流动过程、动植物的迁徙与运动以及人类的土地利用模式。

（2）城市形态与生态景观的整合

生态思想在城市空间形态研究中的应用可以追溯到19世纪末，体现在早期对于理想城市的追求和实践，如欧文的协和新村、霍华德的田园城市、柯布西耶的光明城市等，强调保护城市中自然要素、协调城市与自然的关系。现在，虽然生态思想已经深入人心，但是在城市规划和实践层面还存在诸多问题。比如城市总体规划与城市生态规划之间的矛盾。国内一些城市，一方面仍然是按部就班地进行着传统的城市规划，另一方面城市生态规划如雨后春笋般开展起来。两种不同的规划，分别由不同的部门组织、不同的人员承担，规划的侧重点也各不一样。如此一来，城市规划与城市生态规划便成了"两张皮"[61]。

针对此类问题，很多城市地理和规划界学者从城市形态的生态机制探讨景观生态规划的理论和方法。如刘青昊从生态景观和生态组织两方面探讨城市形态的生态机制。宗跃光通过对自然廊道环境效益与人工廊道经济效益消长规律的研究，提出北京城市可持续的景观模式应为星状分散集团的形态，以扭转城市本质上存在的"摊大饼"倾向。俞孔坚提出的"反规划"思想，是一种通过优先进行不建设区域的控制，来进行城市空间规划的方法。这些研究虽然方法各异，但都以景观生态学理论为基础，是对麦克哈格等人自然系统优先思想的延伸与发展。将景观生态学理论引入城市规划领域，在景观生态分析和综合评价的基础上，为建立区域景观利用优化结构和空间格局，提出景观建设、调整和利用的方案、对策和措施，可以为尽快解决当代城市生态环境建设和城市规划设计中遇到的许多理论和实践问题提供新的规划模式和技术途径。

5.1.2 典型城市生态景观要素分析

（1）吉林生态景观要素分析

吉林城市位于长白山区与松辽平原的过渡地带，为背负长白山，面向松嫩的二者结合的河谷盆地小平原。南自丰满以下阿什附近，北至牤牛河；东至龙潭山、西至北山、欢喜岭。南北20余公里，东西宽10余公里。松花江自东南向西北，呈反"S"状流经盆地，将盆地分为北、中、南三部分。哈达湾附近有松花江古河道洼地。沿河平原海拔180~200米。沿江凸岸有宽阔的河漫滩和堆积阶地。一级阶地相对高度10米左右，为市区建筑的主要坐落部位。高阶地相对高度20~40米。周围环以丘陵，海拔多在260米左右，个别山高400米。向外过渡为海拔500~800米的低山、丘陵（图5-2）。

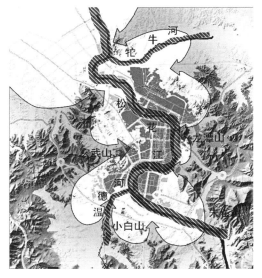

图5-2 吉林市景观生态格局示意图
（资料来源：笔者自绘）

①干流水系廊道

吉林市区段松花江的平水期河宽300~500米，水深一般在1.5~3米，河底平均坡度在0.35%。松花江平均水位186.51米，最高水位197.84米，最低水位185.41米，年平均流量428立方米/秒[62]。松花江是吉林市的饮用水源保护地、重要水禽的栖息地，同时承担景观和旅游功能。吉林段松花江由于丰满水电站发电，形成了冬季不冻江面和两岸雾凇冰雪景观，同时也形成了冬季水禽栖息地，有赤麻鸭、绿头鸭、鹊鸭、秋沙鸭、鸳鸯、绿鹭等在此越冬，形成了独特的城市景观。

②支流水系廊道

市区内松花江有南北两条一级支流：温德河和牤牛河。温德河位于永吉县、丰满区境内，于左岸注入松花江。河长63.7公里，流域面积1182平方公里，正常水面上游河宽4~5米，中游宽100米，下游宽120米，水深1.6米，上游山林植被较好，中下游林木稀疏、多为农田、植被较差。牤牛河位于蛟河市、永吉县、龙潭区境内、于右岸注入松花江。河长57.3公里，流域面积872平方公里。

③松花湖大型生态斑块

松花湖水利风景区位于吉林市中心区以南24公里，是以丰满水电站为依托，以山、水、林、草为特色的大型生态园林。景区第一部分为水利枢纽区，坝长1100米，高91米，以发电、防洪、防凌、减淤为主，兼顾灌溉、供水。第二部分为松花湖风景区，是吉林省重要的水源地、生态功能保护区和国家级风景名胜区。其面临的主要环境问题：一是低效农业引起的流域面源污染和上游城市污染，二是由畜牧业过载、毁林开荒等引起的植被和草场破坏、水土流失等。

④山体斑块

四山，即朱雀山、龙潭山、小白山、玄武山四座沿江分布的山体。朱雀山位于吉林市区偏南11.6公里，山体呈东——西走向，水平面积约0.5平方公里，坡度约45°，主峰海拔815.5米，山体由花岗岩组成，是国家级森林公园。龙潭山位于吉林市东部郊区7.5公里处，老爷岭山脉，坡度约40度，主峰海拔384.1米，为省级森林公园。小白山位于吉林市郊区西南5.1公里，山顶呈圆形，主峰海拔314.6米，属低山丘陵，为清朝皇族祭祖圣地。玄武山位于吉林市政府驻地西2公里，山体呈椭圆形，东峰海拔255.8米，西峰海拔269.8米，属低山丘陵，是以寺庙群为主体的生态文化公园。

（2）哈尔滨生态景观要素分析

哈尔滨地处松嫩平原，市区主要分布在松花江形成的阶地上。哈尔滨市的地形、地貌特点直接影响了城市的规划与建设。松花江南岸地形由两部分组成，仅靠松花江低地高程为

116~120米，高地的高程在130~160米，一条陡坎由西侧顾乡延伸至太平；三条支流马家沟、何家沟、阿什河最终汇于松花江（图5-3）。

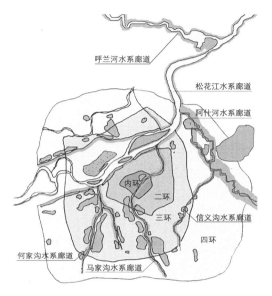

图5-3　哈尔滨生态格局示意图
（资料来源：笔者自绘）

①干流水系廊道

松花江干流，从双城市界至老山头为哈尔滨市境内的江段，全长71.3公里，流向大致为西南至东北。河槽平均弯曲率为1.27，河底坡降平缓，为0.3/10000~0.4/10000。河槽宽在400~1000米，平均水深为3~6米。松花江哈尔滨段水流分叉比较多，较大的江心洲有双口面、市自来水公司一水源附近的江心洲以及两桥间的道外江心岛、江北太阳岛、滨北桥江心岛等，此外还有许多浅滩和边滩地形。

②支流水系廊道

呼兰河发源于小兴安岭西南麓，于哈尔滨市东北约1公里处从北岸注入松花江。全长523公里，其中哈尔滨境内为1733平方公里，是松花江哈尔滨段最大的支流。由于呼兰河上游和中游无大型蓄水工程，加之区域内植被覆盖率低，故河水暴涨暴落，水位变幅一般在1米左右，水患较严重。

阿什河为松花江右岸的一级支流，于哈尔滨城区东侧注入松花江。河道异常弯曲，为典型的自由式曲流。年内水位变化较大，径流的季节变化明显。洪水季节河口处泄洪量仅为300立方米/秒，主要靠滩地行洪，致使洪涝灾害时有发生。由于流域内工厂企业较多，水体严重污染，下游水生动物已基本绝迹。

马家沟全长44.3公里，其中市区段34.7公里，在东江桥西侧流入松花江。马家沟为季节性河流，在城市改造前一直是哈尔滨的排污泄洪通道。1996年，进行了水泥河床、河堤的建设，但是由于采用渠化治理方式，并没有达到恢复河流生态功能的效果。

何家沟有东河沟、西河沟两源。西河沟起源于平房区，全长26.4公里；东河沟起源于张家窝堡，全长6.5公里；何家沟干流的正阳河全长4.5公里，何家沟三段全长37.4公里，最后沿顾乡大坝西侧流入松花江。何家沟目前接受日均污水排放量为25万吨，占全市污水总量的22%。

信义沟发源于哈尔滨市香坊区，经香坊区幸福乡注入阿什河，长18公里。沿岸工厂企业较多，哈尔滨市的化工区就分布在信义沟的北段，沿岸污水经8个排污口注入沟中。沟内日排放废污水总量为8.8万吨。

③大型生态斑块

哈尔滨市的大中型绿地斑块在景观生态系统中起着十分重要的作用，是城市生态系统的重要组成部分，对于维持城市生态系统的正常运转具有重要意义。这些大型绿地斑块主要分布在市区边缘，沿松花江干支流分布，包括松花江北部的太阳岛、湿地、动物园，马家沟沿岸的实验林场、植物园、各种游乐园及绿化程度较高的各高校园区。其中太阳岛是城市景观生态格局中最重要的生态斑块。

太阳岛是哈尔滨市松花江中的沙丘岛，南起松花江南岸，北至松北江湾、前进，东缘滨洲铁路，西抵建设中的第二松花江公路大桥，由"一江、一岛、一湖、一园"四个部分构成，总面积38平方公里。太阳岛一度曾被各单位的疗养院所占据，私建乱建情况较多。近几年，太阳岛综合整治工程投入1.8亿元进行清理整治、疏通河道、推沙围岛、植树造林、恢复原有的沙滩景观，塔头湿地景观、疏林草地景观、河套湖地景观，改善了太阳岛风景区生态和自然环境，避免人工化和商业化倾向。

（3）佳木斯生态景观要素分析

佳木斯的城市生态景观格局由"江、岛、山、河"四种要素构成。城区北部的松花江，中部的杏林河，南部的王三五河，东部的音达木河和西部的英格吐河。城区段内的松花江支流水系，均发源于城市南部的低山丘陵地区（图5-4）。

①干流水系廊道

松花江，主干流经由郊区大来镇新村进入市区境内，由市区北部向东流至松江乡出

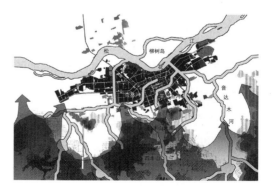

图5-4 佳木斯生态格局示意图
（资料来源：笔者自绘）

境。城区段长17.1公里。主河道平均比降为1/10000，主河道河槽最大宽度约2000米，最小宽度约500米，正常水深2~10米；城区段平均宽度1000米，平均水深4米。境内江段属于平原型河流，河道弯曲，水流较平缓。

②支流水系廊道

流经佳木斯的几条内河均发源于城区南部的低山丘陵区，属季节性河流。其中英格吐河发源于郊区长发镇四合屯西南高地，是松花江一级支流，流域面积225.4平方公里，全长26

公里，中游建有四丰山水库；杏林河流域面积3平方公里，其中山丘区面积为1.8平方公里，河道全长7公里，从杏林湖出口至河口段（长3.7公里）已建成暗渠，上游还有2.9公里为开敞式河道；音达木河是松花江一级支流，有两个主要源头，并有王三五河和铃铛麦河汇入，右支流为主干流，流至佳木斯水泥厂东侧进入市区，流经胜利路、光复路和长安路等，至发电厂西侧汇入松花江，全长45公里，流域面积445平方公里；王三五河发源于四丰山东麓，至南岗村东进入市区，流经中华路、大学路、中山街、胜利路、安庆街、长胜街、建国街等，至铁路苗圃后东流入音达木河，全长8公里，流域面积8.5平方公里。

③柳树岛大型生态斑块

柳树岛风景区，位于城市正北，松花江江心。岛南与沿江公园隔主航道相望，有轮渡和船艇往来。全岛周长15公里，东西长5.6公里，南北宽2.7公里，面积1100公顷，是松花江流域最大的江心岛。岛上共有林地320公顷，占全岛总面积的三分之一。

④四丰山大型生态斑块

四丰山风景旅游区，位于市区南部的浅山区，距市中心7公里，面积480公顷，是以山、水、林自然景观为主，人文景观为辅的风景旅游区。四丰山原本是秃山，只有少量次生林，1957年为拦截英格吐河上游之水，在此修建了四丰山水库，周长7公里，水面200公顷，库容1100万立方米。此后，在湖边陆续营造樟子松、落叶松等树木和果树园艺场，使得四丰山的自然生态环境得到了改善。

5.1.3 典型城市生态格局比较

（1）生态格局差异

典型城市生态格局比较   表5-1

		吉林	哈尔滨	佳木斯
地理环境	宏观区位	松花江流域上游、长白山区与松嫩平原交接处	松花江流域中游、松嫩平原腹地	松花江流域下游、松嫩平原与三江平原交接处
	地貌环境	河谷盆地	河谷冲积平原	河谷平原与低山丘陵
松花江干流形态	河道形态	三曲五折反"S"形	较平直	弓形
	江面宽度（米）	300~500	400~1000	1000~1200
	平均水深（米）	1.5~3	3~6	4
	平均流量（立方米/秒）	428	1180	2128
	水质	水质Ⅲ~Ⅳ级	水质Ⅳ级	水质Ⅳ级
	生态景观特点	不冻江面野禽、栖息地	分叉性较强，由河流、沙滩、岛屿、湿地等组成	江面宽阔、江中有岛、河道弯曲、水量充沛、水流平缓

续表

景观要素与结构	景观要素	河流廊道	吉林	哈尔滨	佳木斯
			松花江干流、温德河、牤牛河	松花江干流、阿什河、马家沟、信义沟、何家沟	松花江干流、英格吐河、音达木河、杏林河、王三五河
		大型斑块	朱雀山、玄武山、龙潭山、小白山	太阳岛、森林植物园	柳树岛、四丰山
	景观结构		带状河谷盆地结构	平原平行水系结构	丘陵树状水系结构

①宏观自然地理环境差异

城市的区域地理环境的不同形成了城市生态景观格局的宏观差异。吉林位于松花江上游，为长白山区与松嫩平原交接的盆地，为河谷型城市；哈尔滨位于松花江中游，松嫩平原的核心地带，为平原水网型城市；佳木斯位于松嫩平原与三江平原的咽喉处，南部为低山丘陵，北部为河谷平原。吉林、哈尔滨、佳木斯景观格局与松花江的生态条件密切相关。上游吉林地区山环水绕，生态敏感性高，生态系统的稳定性和自我调节能力较低，城市发展建设活动对自然生态环境的影响巨大。中游哈尔滨地区为平原河网区，松花江水患严重。下游佳木斯地区空间开阔，土地肥沃，具有相对较高的生态承载力。根据流域生态环境的特征，上游地区的生态失衡与污染所影响的区域空间，将在中下游地区被成倍的扩大。因此，相同"当量"的人类聚居活动，在上游地区对生态的影响力和最终的影响范围最大，在城镇化进程中的生态保护、维育问题最为突出。

②松花江干流水系环境差异

松花江干流的不同形态形成了城市生态景观格局的基本差异。吉林段的松花江主要特点是三区五折的蜿蜒形态、不冻江面和野禽栖息的优良自然生态环境；哈尔滨段松花江特点是宽阔的河槽内分叉河流、沙滩、岛屿、湿地等丰富的生态景观内容；佳木斯段的松花江特点是江面宽阔、江中有岛、河道弯曲、水量充沛、水流平缓。

③景观生态要素结构差异

景观元素与组织方式的不同形成了城市生态景观格局的外部差异。吉林的景观生态主要元素为松花江干流、牤牛河、温德河生态廊道和周围山体生态斑块，形成了松花江为中轴生态廊道，两侧山体斑块平行于松花江廊道，支流联系松花江主廊道与两侧山体斑块的带状河谷盆地生态景观结构。哈尔滨的景观生态元素有松花江干流、支流廊道和太阳岛、植物园等大型生态斑块，这些生态斑块被松花江干支流水系廊道串连起来，松花江支流大都平行，形成了平原平行水系生态格局。佳木斯的景观生态元素包括松花江干流、支流水系廊道和四丰山风景区、柳树岛风景区两个大型生态斑块。生态格局的组织方式是发源于南侧丘陵的地带的树状支流汇于松花江干流，这些支流将山体绿色斑块与松花江水系廊道衔接起来。

（2）共性环境问题

①水体污染

松花江是我国有机污染最严重的河流之一。其一，由于历史和社会原因，我国一些大型的化工企业建在了松花江上游的吉林市。吉林市工业废水排放量很大，污水处理能力远不能满足对工业污水的有效处理，从水污染物的主要指标COD来看，由于吉化等污染性较强的化工企业的污染，九站和哨口污染较为严重，而且吉林地处松花江最上游，造成全江污染（图5-5）。其二，松花江是国内唯一的一条冰封期长达5个月左右的大江，在此期间水温低、江水流量小、有机物降解能力大幅度减小，这使松花江冰封期污染加重。除了工业废水和城市污水污染外，城市冬季积雪污染也是导致水体环境恶化的主要原因。冬季冰雪的清除成为城市需要解决的问题，携带大量路面上污染物的冰雪最终往往堆积在河道两侧，导致开江后对松花江水质污染，破坏流域生态环境。

②支流干涸

很多穿越城市的小河沟没有地表水源，在大面积城镇化之前依地势条件汇水排入形成河沟，是较为清洁的雨水沟。但是，随着城市空间扩展，以大片不渗水地表代替了自然状态之下的可渗水地表，加之城市快速排水系统的建设，改变了城市径流形成条件，降雨入渗量减少，直接导致城市内河水源枯竭。松花江流域城市由于气候寒冷，草坪的存活时期短、利用率不高等原因，城市中硬质地面占有更大的比例，城市内河由于缺乏水源，在治污之后面临着干涸的境地。如哈尔滨马家沟改造后部分河段干涸；佳木斯杏林河因污染问题严重，缺乏水源而被填平等。

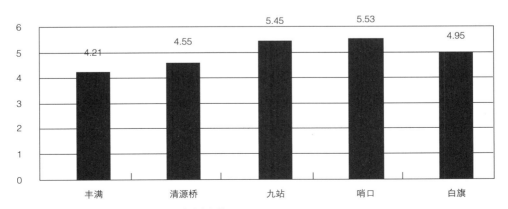

图5-5　松花江吉林江段2004年各断面COD浓度变化情况
（资料来源：中国城市规划设计研究院. 吉林市城市空间发展战略规划. 内部资料，2005.）

③空气污染

由于受气象问题、冬季采暖、地貌状况、植被分布、人们的活动状况、产业特征的影响，松花江流域城市冬季空气污染严重。松花江流域处于寒温带大陆性季风气候带，常年干旱少雨，风沙大，时间长，空气得不到洗涤净化，加之城市周边地区生态环境脆弱、土地沙化、荒漠化较重，容易形成沙尘暴天气。同时，由于城市绿化覆盖率较低，人均绿地面积较少，如哈尔滨人均绿化面积有6.74平方米，不能有效降低空气中的悬浮颗粒物。另外，由于燃煤为城市冬季主要能源，在燃煤过程中生成的颗粒物和二氧化硫等有毒有害物质对空气造成相当大的污染，成为影响空气质量的重要因素。

④自然生态系统脆弱

其一，由于松花江流域气候寒冷、干旱，影响了城市中绿色植物的生长，适应冬季生长的植物较少，单位面积绿化绿量较低。城市绿化的维护费用较高，城市绿地规模一般均低于其他城市。其二，从城市的生态空间格局来看，存在绿化景观结构单一、分布不均的问题。公共绿地类型不丰富，缺少多样性、主题性、专业型公园，绿地斑块破碎严重。绿地分布不匀，主要分布在城市郊区和滨江地带，景观格局整体上缺乏协调与稳定性。其三，景观生态连通性低。内河、道路两侧绿化面积严重不足。防护绿地比较分散，不能构成体系，生产绿地被逐年蚕食现象严重。这样的格局导致城区各绿地斑块之间缺乏联系，使自然生态过程中断，景观稳定性降低。

（3）水系廊道意义

面对上述环境问题，除了要加大治理污水、废气的力度外，构建基于松花江水系的合理、高效的城市生态格局才是解决问题的根本。水域生态系统是物种多样的生态敏感区域，水是自然环境最活跃的因素，是参与地表物质能量转换的重要角色。作为城市中最重要的生态廊道，城市河流具有三方面的生态效能。

①调节气候降解污染

植被覆盖良好的河岸对提高整个城市气候和局部小气候的质量具有重要作用，能改善城市热岛效应。水体也能吸收周围空气中大量的热量，并不断地为城市补充新鲜的冷空气，降低温度。水通过蒸腾产生的水蒸气，可以提高城市的空气湿度，防止和减少沙尘，诱发降雨，增加地表水和地下水资源。水体的流动性还使之有较强的自净能力，可以降解污染[63]。

②维持城市生物多样性

河流植被由于其生境类型的多样化，还是维持和建立城市生物多样性的重要"基地"。它为城市提供了大量的水生动植物生存的自然环境，其河心洲和两岸的绿地也为多种动植物提供了栖息、生存和繁衍的场所。另外，水系廊道为维持生物多样性、保护野生动植物的迁移提供了保障。

③促进居民身心健康

城市居民在混凝土筑成的森林里，快速紧张的生活节奏导致人们心理负担过重。而城市河流绿色廊道可以为居民提供更多亲近自然的机会和更多游憩休闲场所，使城市居民的身心得到健康发展。

5.2　城市水域生态景观整合原则

城市河流作为一种重要的生态要素，其生态过程受到了人类经济驱动、社会功用及美学兴趣的影响，传统生态学研究很难区分自然的和人为的影响。景观生态学多学科融会贯通的特征为城市河流提供了一种多尺度、多学科的综合研究角度，可以解决河流所涉及复杂的科学和社会问题，从而为实施城市河流的综合规划和管理提供科学支持。

5.2.1　修复性原则

自然系统的演化和发展都是土地自然因素之间协同工作的结果，在没有外力影响或较少的外力影响的情况下，这种稳定的自然演进过程呈现出内在的延续性。城市的人工化扩张必然打破自然演进的延续性，因此需要在两者之间寻求平衡。发展与保护之间平衡首先要确定自然演进的关键区域、关键因素和自然演进的敏感区，然后加以保护，使其不受城市发展的影响，这是维持自然系统稳定的关键。

城市河流受人为干扰较大，城市河流的恢复并不意味着恢复到纯自然状态，时间、空间和社会发展使其不可能实现，它强调的是将生态工程学的原理应用于系统功能的恢复，最终达到系统的自我完善。景观生态学认为应结合城市河流景观的生态功能、稳定性以及可利用性等来评价河流景观功能的完整性，具体包括：河流的生物生产量、河流保持一定水量的能力、地下水的补充能力、水体本身自净功能、岸边栖息地功能以及旅游开发的潜力等等，因此，生态恢复目标是城市河流的近自然化状态[64]。

（1）恢复自然河道

①保证河流自然空间

自然河道的各类地貌类型是自然水流过程长期作用的结果，其结构和形态都与自然河流水文过程相适应。在自然状态之下，河流的冲积作用会使河流中夹带的泥沙与有机质等物质沉积的在河漫滩之上，并同河漫滩、自然堤、河阶地等形成复杂的生态平衡与物理平衡关系。但是，防洪、航运要求使河道硬化、渠化后干扰了水文生态环境的自然发展。用工程手段来控制水文的不确定性，往往彻底改变了河道原有的结构与功能[65]。

哈尔滨市形成之前，市区松花江为散流状态，其南侧河套滩地边缘，在南岗下坎一带，滩地上有少量村屯，北侧河套滩地蜿蜒到呼兰河一带，腹地宽阔。1898年修建中东铁路，铁路路堤截断了南北两侧河套滩地水流，只在大桥位置留下主流一个口子。因主流南侧是深水区，适于航运，景致也好，为了亲近水边，将防洪堤线特意向主流水边吃进了一大块，大致构成了现在九站公园、斯大林公园一带的走向。但是，由于堤线设置不合理，反而把贴近的主流，逐渐逼向了松花江北岸，主流南侧出现淤势。随着滨洲桥、滨北桥和公路大桥的修建，桥下形成沙洲。据观测，仅滨洲、滨北两座桥的阻力，就使市区松花江河床，平均每年淤高2~3厘米，日积月累，势必进一步抬高市区行洪水位。

城市发展对河道自然环境的干扰，使河谷廊道生态资源的规模变小，河谷生态系统的可变异性降低。因此，对于那些已经被大规模防洪排水工程破坏了的自然河道，应采取的河道恢复措施包括：建深潭和浅滩、恢复被裁直河段、束窄过宽的河槽、拆除混凝土驳岸及涵洞。

②保护和恢复自然堤岸

对于未城市化区域的河岸应尽量保持其自然状态。如吉林松花江上游地区，河岸为近自然的状态，乔木、灌木层次分明，江中野鸭栖息，即使在冬季也是一片生机勃勃的景象。因此，在上游小白山区域进行规划时，我们极力主张保留原有自然堤岸。即使城市中一些污水横流的支流，其两岸的原生植被也非常茂盛，如哈尔滨的何家沟和改造前的马家沟。但是，为了治理污水河流就采取裁弯曲直、河底清淤、护底衬砌、两岸堤坝与护坡等工程措施，往往使污水沟变成"无水沟"。

其次，建立人工生态堤岸。人工生态堤岸指的是利用植物或者植物与土木工程相结合，对河道坡面进行防护的一种护岸型式。生态堤岸的基础主要是创造"多孔隙环境"。在较陡的坡岸或冲蚀较严重的地段，种植植被，采用天然石材和木材护底，以增强堤岸抗洪能力。对于防洪要求较高，且腹地较小的河段，在自然型护堤的基础上，再用钢筋混凝土等材料以确保满足防洪要求[66]。设计生态堤岸的原则和宗旨是确保河道基本功能，恢复和保持河道及其周边环境的自然景观，改善水域生态环境，改进河道亲水性，提高土地的使用价值。

（2）保护地下水回灌区

自然的水量与水质的维持是土坡、植被、地下水等共同作用的结果。其中，地下水回灌区吸收来自空中的雨水，使其不随径流一道快速排放到河流之中，涵养地下水；水源地带与河流边界地区的林地负责维持自然河流的水量，起到天然水库的作用，而自然的水质正是通过土壤、草地、植被等层层过滤来达到净化的目的。地下水是在地表之下缓慢流动的水体，它的补给是从特定区域获得的，如地表的湿地和洼地、高渗透性土层和岩层、近地表的含水层等。含水层往往在地下延伸得很远，因此，考虑到地下水的回灌和污染物质的下渗问题，城市发展必须了解场地所在回灌区和含水层的部位及其对地下水的影响[67]。佳木斯由于过量开采地下水，缺乏地下水回灌区的保护，现已形成降落漏斗，并且面积不断扩大。近几年，以七水源为中心的西部漏斗范围增大，漏斗中心水位埋深133.32米，地下水位70.89米；以六水源为中心的中部漏斗中心水位降幅达8米，地下水位埋深11.38米，最低水位70.34米[68]。地下水的补给不足已经严重影响了城市水系循环和城市水资源利用。

针对这种情况，应当从城市建设的方法入手，以生态化的措施恢复城市地区原有地下水回灌区、集水区。减少雨水流失量，增加蓄水量，尽量减少不渗水表面面积，结合公园、绿地增加可渗水面积；改造停车场、道路、广场等大面积硬质铺地，使用可渗水性新型材料；充分利用建筑屋面组织雨水蓄积，这既可以减少雨水流失，也可以节约用水。

另外，可以在城市土地利用中引入"集水区"的概念，每个社区、公园按比例设置集水区。芝加哥的集水区就是其城市防洪规划的一部分，通过在城市大范围设置暴雨集水区，用以在暴雨水到达城市排水系统之前蓄积部分雨水。集水区的设计也兼顾了多种功能，它的盆地底部设置有游戏和体育活动场地，用以在无雨季节供人们休闲之用，冬季蓄水后还可以作为滑冰场。日本一些地方立法规定，土地开发商在开发城市土地时必须在河流两岸配套建设一定数量的贮水池，用以控制径流，调节洪峰[69]。

（3）维护生态敏感区

自然敏感区包括洪泛滩地、易受洪水地区、大型湖泊的近岸地区、湿地等生物群落的易受影响地区等，对于河流自然演进来说，它们既是生态敏感地区，也是河流系统排解压力的地区。这些地区的城市发展不但使人面临灾害的威胁，而且加剧了自然的衰退。

湿地是处于水陆过渡地带的特殊自然综合体，是自然界最富生物多样性的生态景观和人类最重要的生存环境之一，具有巨大的环境功能和效益，在抵御洪水、调节径流、蓄洪防旱、控制污染、调节气候、控制土壤侵蚀、促淤造陆、维持生物多样性、美化环境等方面有其他系统不可替代的作用，被誉为"地球之肾"。城市湿地因其处于城市内部，它的自然生态价值显得更为重要。

①生物多样性

湿地环境为城市本已稀少的鸟类、鱼类、昆虫提供丰富的食物和良好的生存繁衍空间，对物种保存和保护物种多样性发挥着重要作用。绿色容积率（Green Plot Ratio）是指一个地块面积与所有植物的单面叶面积总和之比，绿色容积率反映了生物生产力和生态服务功能的强弱[70]。通过表5-2可以看出湿地相对于其他植被类型，具有较高的绿色容积率。

几种植被类型的绿色容积率 表5-2

植被类型 （Vegetation tape）	草坪	花坛或小灌木	农田作物	以乔木为主高密度植物群落	湿地
绿色容积率 （Green plot ratio）	1	3	4	6	6

（资料来源：B. L. Ong .Green Plot Ratio: An Ecological Measure for architecture and Urban Planning [J]. Landscape and Urban planning.2003, 63: 197~211. ）

②调蓄洪水

湿地在接受洪水时发挥三个重要功能——阻滞、固流和减缓流速。当洪水到达湿地时，湿地能够吸收大量的水分，并将其固含在土壤中，缓慢渗透到地下，补充地下水，并通过地下水的流动，在另外一块湿地升出地面；另外，湿地上密集的植被系统增加了洪水流动的摩擦阻力，可以削减洪峰。

③净化水体

湿地使水中泥沙得以沉降，同时经过植物和土壤的生物代谢过程和物理化学作用，水中各种有机的和无机的溶解物和悬浮物被截流下来，许多有毒有害的复合物被分解转化为无害甚至有用的物质，这就使得水体澄清，达到净化目的。

由于城镇化进程以及社会经济的发展过程中，没有形成湿地保护意识，湿地未能得到有效保护，湿地面积萎缩，对生态环境造成了严重影响。现在，城市中湿地的生态、社会意义被日益重视起来，对湿地的保护、修复、利用的研究业已广泛展开。在国内外的城市公园建设中，人工湿地被广泛地运用于城市雨水径流的调蓄以及污水的净化，从而将水域空间的治理、地下水的蓄积、生物栖息地恢复等同公园建设结合起来。日本的香橙公园、深圳洪湖公园、成都"活水公园"等都充分应用了湿地，起到径流调蓄和污水处理的作用，并且向游人们展现了湿地的风貌。

5.2.2　网络化原则

景观生态学认为，一个孤立斑块内的物种消亡的可能性远比一个与种源相邻或相连的斑块大得多。因此，众多绿色廊道相互交织形成网络，具有引导能量流动、物种迁移和保护生态环境的作用，从而促进城市"生态安全格局"的形成。

（1）增强水系廊道连通度

景观连通度是斑块间在功能和生态学过程上的有机联系，这种联系可能是生物群体间的物种流，也可能是景观组分间直接的物质、能量与信息流。景观连接度是景观的功能特征，它与景观的结构特征关系密切。因此，构建一定数量的廊道对物种生存很重要。廊道通常具有栖息地、过滤或隔离、通道、源、汇五大功能[71]。栖息地：提供植物、动物及人类居住的环境；过滤或隔离：当廊道尺度过大，即不适某些动物生存，使其移动受到局部的限制；通道：如水体流动、植物传播、动物以及其他物质随植被或河流廊道在景观中运动；源：廊道扮演邻近区的物种来源及水源的角色；汇：当廊道引导动物进入较窄区域，可减少其遭捕食的机会而降低死亡率。生态学家和生物学家普遍认为，廊道有利于物种的空间运动和本来孤立的斑块内物种的生存和延续。

完整协调的城市生态系统是城市得以发展的基础。而维持城市生态系统整体性的主要结构是河流生态廊道。河流水系廊道作为城市中特殊的绿色廊道，不同的河流廊道可以作为不同的源，可以通过在河网结构中添加新的节点或通路，从而改变河流景观的格局和功能。从自然整体的平衡来看，影响自然水体稳定、水量平衡和水质清洁的关键要素除了水体本身之外，还包括潮汐区、滩地、古河道、湖泊、水塘、湿地、干支流、地下水回灌区、林地和城市集水区等，这些自然要素之间的相互联系构成了自然界完整的水体环境。除了干流水系廊道以外，支流水系在城市中数量众多，分布广泛，深入城市内部对于联系各种生态斑块，形成网络化的生态格局具有重要作用[72]。但是，城市水网中支流水系往往由于其狭小和污染严重被忽视。哈尔滨马家沟经常出现断流，佳木斯杏林河在市区内变为地下暗河等都是对河流连续的破坏，阻碍了其生态功能的发挥。水系生态网络化的建构就是要改变这种破坏支流水系环境的情况，结合污水治理，研究水体间相互贯通联系的可能性，将景观规划和给排水规划结合起来，使不同级别的水系形成互相贯通联系的整体。

（2）保证水系廊道的宽度

河流两侧绿带对保护城市的地表水与地下水资源具有积极作用。如对河道、河漫滩、地下水补给区及湿地等重要水资源敏感性区域的保护、恢复和管理具有重要的作用。除此之外，河流两侧绿带还能提高水体的污染物净化能力，保护、改善河流系统的质量。根据国内外生态学家的研究，12米和30米是生态廊道的两个显著阈值。宽度大于12米时，草本植物的多样性平均为狭窄地区的两倍以上。而河岸植被带的宽度在30米以上时，就能有效地起到降低温度，提高生境多样性，增加河流中生物食物的供应，控制水土流失，有效过滤污染物的作用，但生物多样性较低。当廊道宽度在60米以上时，能容纳较多物种，从而保护生物多样性[73]。绿色廊道宽600~1200米时，能够创造自然化物种丰富的景观结构[74]（表5-3）。

水系廊道宽度与生态功能   表5-3

河流廊道宽度（米）	生态功能
3~12	廊道宽度与物种多样性之间相关性接近于零
12~30	草本植物多样性平均为狭窄地带的2倍以上
30~60	能有效地起到降低温度、提高生境多样性、增加河流中生物食物的供应、控制水土流失、河床沉积和有效地过滤污染物的作用
60~600	满足动植物迁移和传播以及生物多样性保护的功能
600~1200	能创造自然化的物种丰富的景观结构

（资料来源：根据朱强，俞孔坚，李迪华. 景观规划中的生态廊道宽度 [J]. 生态学报. 2005，25（9）：2406-2412.整理）

松花江流域气候寒冷，生态承载力较低，因此，应在这个标准之上加大松花江流域城市水系廊道特别是支流水系廊道的宽度，保证其生态功能的发挥。在河流两岸绿地狭窄的地段，应采取疏散河流两岸居民的措施，保证河流绿廊的宽度。

5.2.3　契合性原则

河流生态廊道空间与城市中的大型生态斑块，是城市中自然生态系统的主要载体，在高密度的城市地区，虽然可以借助严格的管理制度，依据人口密度建设一定的自然或近自然空间，但是在城市快速发展过程中，市场经济条件下对经济利益的追逐使得公益性的绿色开敞空间建设客观上不得不服从于居住、商业和工业用地开发，自然或近自然景观经常面临被人工建筑环境侵蚀的威胁。在此背景下，自然、近自然景观布局要考虑城市扩展固有的规律性，尽量缓和与城市开发争夺土地的矛盾，整合自然景观与建筑环境的发展要求。麦克哈格提出"大城市地区最好有两个系统，一个是按照自然演进过程保护的开放空间系统，另一个是城市发展的系统"[4]。因此，必须认识到城市生态景观是一个具有明显视觉特征的地理实体，兼具经济、生态和美学价值，这种多重性价值判断是规划和管理的基础。

城市河流地区具有"河流"与"城市"相"碰撞"而产生的新质，具有复合生态价值。要获得并维护这种新质，单从"河流"或"城市"来看，是不可能实现的，而必须把河流地区纳入流域和城市这两个大的范围中去，使之有机地协调。城市绿地系统规划应包含三个层次：市域生态背景规划、建成区绿地系统规划、城市中心区公园绿地规划。从这个角度看，河流地区人工与自然环境的研究应包括流域、市域、水域三个空间层面。

（1）流域层面

流域是一个具有明确边界的地理单元，以水为纽带，将上、中、下游组成一个普遍具有因果关系的复合生态系统。大尺度的河流景观研究是在流域尺度上研究河流景观的特征和变化，着重通过流域内土地利用变化格局研究来分析流域的水土流失、人为干扰等情况。基于流域景观的异质性、整体性以及协调性等来进行区域景观的综合规划。

河流的整体性特点在于水流的不间断性。从流域层次，要求重视水系建设，对水资源进行整体管理，并要认识到与水体利用有关的各种活动对水体的影响，及其相互之间的关联性。流域内景观格局、土地利用及水资源时空上的配置方式对河流生态系统的状态起决定性的影响，流域层次是解决与协调这些问题的合理与最佳单元。任何对流域局部或某一要素的干扰都会引起整个流域系统的变化，因此，流域层面优先关注的是各种干扰对流域的累积影响，避免随水体流动而呈现从上游到下游的放大趋势。

按照目前的行政区界划分，省市间地域多以自然生态地理单元的中线为界，或以山体的分水岭和湖泊、河流中心线为界，或将河流拦腰截断，上下游分属不同地区等等，这种分界法对于环境生态资源、物种多样性、生态敏感地段的整体保护是致命的，这也是原始生态资源效益退化，流域综合问题日益突出的原因之一。因此，以流域自然地理单元结合行政区界联合制定区域性环境生态区整体规划势在必行。在生态环境渐受重视和旅游业蓬勃发展的今天，根据流域环境资源条件，以自然生态系统的保护和开发项目为指向，组建城市间联营的区域性旅游区、生物工业基地、生物基因库与实验区或环境保护区，不仅能改善城镇群整体生态环境，同时有广阔的市场发展潜力。

（2）市域层面

市域层面河流生态景观研究可以是整个市域范围内所有河流的分布格局及生态效应的研究。从景观水平来看，市域应该包括城市的市区和郊区两部分。在这个尺度上将全市域的河流作为一个整体运用景观生态学及其他相关学科的知识和方法进行河流景观生态规划调整或构建合理的河流景观格局。

在市域尺度下，城市可以看作广大自然基质中的异质斑块，重点研究何种形态的异质斑块可以更好地与自然环境结合。把绿地系统作为与城市实体空间同等重要的要素来进行构造，会在很大程度上避免大城市所面临的诸多困扰，自成体系的绿地系统与城市建设实体共同构成了共轭关系：前者避免或限制了城市无休止蔓延，为城市提供了良好的环境；后者则提升了前者的生态、文化等内涵，体现了其存在的价值。根据城市自身的条件，如地形、水文、气候、城市的历史文化特征，以及与周边地区和城区发展的关系，城市斑块与周边自然环境总体结构可以分为四种（图5-6）[75]。

①环绕绿带式

城市在一定区域范围内集中发展，绿地系统呈环状围绕核心城市，限制城市的扩展蔓延，周边卫星城镇与核心城市保持一定的距离。如，英国1994年的"大伦敦规划"，该规划

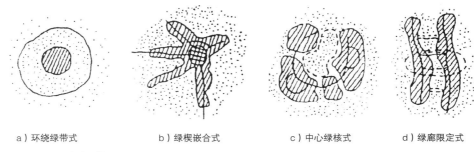

| a）环绕绿带式 | b）绿楔嵌合式 | c）中心绿核式 | d）绿廊限定式 |

图5-6　城市形态与自然基质整合模式
（资料来源：车生泉. 城市绿色廊道研究［J］. 城市规划. 2001, 25（11）：44-48.）

把从市中心起半径48公里内，约有6700平方公里的地区划分为四个同心圆，包括：城市内环、郊区环带、条宽约16公里的绿化带、农村。环状绿带的设置对伦敦城市的发展产生了重大影响，中心城区的扩展受到环城绿地的限制，在绿带以外形成了功能相对独立、完善的卫星城镇，设置环城绿化带成为控制中心城区、发展分散的新城的规划模式[77]。

②绿楔嵌合式

城市绿地系统与城镇群体在空间相互穿插，形成以楔形、带形、块状为主要形式的绿地系统。如丹麦的哥本哈根的指状规划、莫斯科的楔形绿地（图5-7）、按照"有机疏散理论"制定的赫尔辛基规划方案都是比较典型的实例。

③中心绿核式

城市群体围绕大面积绿心发展，城镇之间以绿色缓冲带相隔。典型实例是荷兰的兰斯塔德地区。兰斯塔德的中心不是密集的城市群，而是由1600平方公里开阔农业景观构成的"绿心"，"绿心"与城市建成区间还设置一个绿色缓冲地带，构成与众不同的"绿心"结构。我国浙江省的台州市城市空间形态也是中心绿核的多组团模式（图5-8）。

④绿廊限定式

绿地系统在城市轴线的侧面与城市相接，使城市群体保持侧向的开敞，绿地系统能发挥较大的效能并具有良好的可达性。巴黎的卫星城马恩拉瓦莱新城北面是马恩河，以南是大片森林，两者都是必须严格保护的重要自然景观要素，特定的自然条件决定了新城建设只能在两者之间线形展开，形成以轨道交通为引导的带状组团式布局。我国深圳市城市空间受山海自然环境的限定，城市空间发展也是带状组团式结构（图5-9）。

在具体城市生态格局的建构应还应注重两个方面的问题：第一，必须摸清自然本底状况，需要对自然环境的开发程度、适宜性及开发容量的分析评价，它们是设计的基础和依据。第二，生态系统的空间格局要与城市结构形态协调（表5-4）。城市生态系统要从自然出发，结合城市结构形态综合考虑，保证生态系统的连续性、系统性。

图5-7 莫斯科楔形绿地系统
（资料来源：杨春霞. 城市跨河形态与设计［M］.
南京：东南大学出版社，2006.）

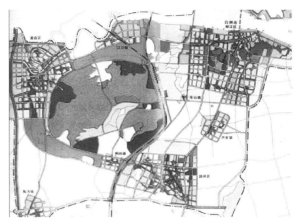

图5-8 台州市绿心结构
（资料来源：沈磊. 快速城市化时期浙江沿海城市空间发展若干问题
研究［D］. 北京：清华大学博士论文，2004.）

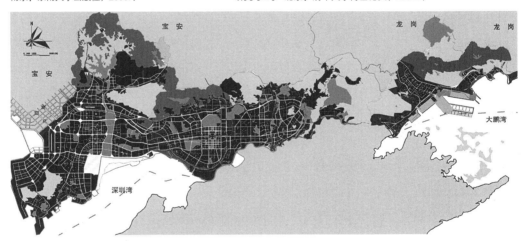

图5-9 深圳带状空间结构
（资料来源：深圳市城市规划设计研究院）

国外部分大城市绿化控制带特征比较

表5-4

	人口（百万）	地形	绿化带规模					绿化环绕城市范围（平方公里）
			内径（公里）	外径（公里）	宽度（公里）	长度（公里）	面积（平方公里）	
巴黎	9.3	地形平坦河流	30~45	约90	10~25	130	3000	800
伦敦	9	地形平坦河流	40~50	60~70	7~15	200	5450	1400
柏林	3.4	地形平坦河流和湖泊	20~25	40~50	5~10	110	500	600

续表

	人口 （百万）	地形	绿化带规模					绿化环 绕城市 范围 （平方公 里）
			内径 （公里）	外径 （公里）	宽度 （公里）	长度 （公里）	面积 （平方 公里）	
莫斯科	13	平地、丘陵、 河流	28~38	无边界	约10	120	1000	900
法兰 克福	0.6	小山、河流	5~10	8~18	0.5~3.5	40	70	
慕尼黑	1.2	地形平坦 河流	19~20		10~15	70~80	500	180
科隆	0.9	地形平坦 河流			0.5~1.0	12	8	

（资料来源：欧阳志云，李伟峰，JuergenPaulussen.大城市绿化控制带的结构与生态功能[J].城市规划.2004，4：41-44.）

（3）水域层面

水域层面的河流生态景观主要由河道、堤防和河畔植被所组成。城市水域环境具有两部分价值：一是物质性价值，或称环境资源的直接价值；二是无形的舒适性服务价值，或称环境资源的间接价值。其中，第二部分价值具有可持续性，并比第一部分有更大的增值潜力，也是应当为我们获取的主要方面。由于滨河土地数量十分有限，因此，只有通过提高土地使用效率才能实现环境价值的最大化，以尽可能小的生态价值获得尽可能高的经济效益[78]。松花江流域典型城市水域土地使用的一个主要问题就是：生产性用地所占比例过高，土地的产出效率低。因此，未来建设中应以生态保护为前提，实现多种实用功能融合。

以河流水系联通的破碎化绿色斑块，也是城市社会经济活动所产生各类干扰的主要承载体，是人类活动与自然过程共同作用最为强烈的地带之一。因此，城市空间扩展考虑水系廊道的自然走势，最大限度地向绿地空间敞开；城市绿带的构建形式，最大限度地与建设用地融合，根据需要增加相互介入的边缘长度，以水系廊道为纽带形成城市空间与自然环境犬牙交错的空间格局。同时，应认识到城市水域空间是城市空间的一部分，缺少其他部分的支撑，河流地区的功能是不可能实现的。从生态系统看，河段尺度上的修复活动必须同大尺度的生态恢复过程联系起来。随着河流地区经济活动的增强，特别是滨河服务性产业的发展，这种支撑作用正在被强化。因此，河流地区的建设应整体考虑河段在河流连续体中的位置与作用，通过综合性的建设手段，实现功能、环境、交通等方面的协调发展。

美国波士顿的水体边界规划是河流自然演进与城市空间扩展相得益彰、协调发展的典型实例。其主要特征以河流为系统，以河流边界的滩地作为公园地带，每边留出60~450米作为边界林地，保持河岸与河漫滩的自然状态，延绵约16公里，同时将九个公园联系在一起。为此，疏散了居民，并通过疏浚潮汐河流、种植能抗周期性洪水变化的树木来恢复自然演进的过程。湿地用来存留暴雨，使洪水不会淹没临近街区。现在波士顿公园体系为城市提供了大面积的开敞空间，其两侧分布着学校、研究机构和富有特色的社区[79]。

5.3　基于水网的城市结构布局

5.3.1　吉林——山水环绕组团结构布局

（1）城市形态与山水环境的整合

①城市发展生态理念

从整个流域来看，吉林位于松花江上游山区与平原的过渡地带，自然环境的承载力较低，生态敏感度较高，城市建设不当引起的生态环境破坏后果将在下游成倍显现。同时，吉林城市自然生态环境的复杂性、差异性，使各种景观生态要素的功能分异，导致局部环境的生态差异和景观风貌的多样性。这些复杂性、差异性决定吉林城市空间格局不能简单套用平原城市的开发模式，否则必然会导致人居环境的建设性破坏和山地灾害的发生，并对下游城市人居环境造成干扰。因此，作为一座山水城市，吉林的城市空间扩张应坚持城市人工物质环境与自然环境相适应的设计理念，主要包括两层含义：其一，城市规模与山水形势相吻合；其二，城市空间组织与外部山水空间同构。前者以保护自然生态敏感区为基础，避免城市建成区大规模连片发展；后者以自然山水格局为主要依据，充分发掘山水之美，并引入城市复合生态系统之中，使城市与自然山水环境形成相伴相生的良好关系，人与自然和谐共生。

②城市空间发展需求

2002年吉林市中心城区城市建设用地为128.68平方公里，城市人口143.01万人，人均建设用地为90平方米/人。从城市人口发展来看，1995年~2002年，人口综合增长率为2.28%，年均增长2.99万人。根据吉林市市域及中心城市人口发展演变的趋势，预测吉林市2020年、2030年城市人口规模分别约为220万人、330万人[47]。

从城市建设用地发展看，2002城市建设总用地为12868.35公顷，1996年~2002年，7年时间共增长2442.67公顷，平均每年增长348.95公顷，年均增长3.05%。居住用地发展低于规划预期，呈现负增长趋势。工业用地增长速度较慢，但高于规划预期。公共设施用地实际发展和规划预期较为吻合。绿地建设缓慢，1995年到2002年现状增加绿地219.46公顷，实施少于预期274.60公顷。在用地构成上，绿地的比例仅由1995年的5.77%提升为2002年的6.38%[47]。

根据人口的预测，2020年吉林市中心城区的人口将达到220万人。按照人均用地100平方米/人的标准计算，那么未来吉林市中心城区的用地规模将达到220平方公里，则需新增用地92平方公里；如果按照人均用地105平方米/人的标准计算，则未来城市用地规模将达到231平方公里，需新增用地103平方公里。石化产业和汽车产业是吉林市两大支柱产业，化工产业至少需要再新增用地17平方公里；汽车工业的总用地将达到25平方公里左右。总的来看，未来吉林市中心城区需要提供至少100平方公里的发展空间。

③自然环境条件约束

吉林市地处低山丘陵地区，山体生态保护和自然地形制约了城市建设用地供给的可能。按照地形坡度，城市建设用地可分为四个等级（表5-5），可建设用地比例较小。按自然条件，吉林市中心城区及周边地区的用地分为两大区域：中心地区（珲乌高速以南地区）和北部地区（珲乌高速以北九站地区）。可以发现，吉林市的可建设用地分布极不平衡，中心地区可建用地紧张，据初步测算仅为60平方公里。而北部地区可建用地极为充沛，适于发展用地较大的功能类型。

吉林城市建设用地分级　　　　　　　　　　　　　　　　　　　　　　　表5-5

等级	一类建设用地	二类建设用地	三类建设用地	四类建设用地
坡度	<8%	8%~16%	16%~25%	>25%
可建设度	较易建设	可以建设	采取工程措施可以建设，但成本较高	不可建设

（资料来源：中国城市规划设计研究院. 吉林市城市空间发展战略规划. 内部资料，2005.）

由于位于丘陵河谷地区，城市空间发展受气流条件影响影响较大。通过对大气流场的分析可以发现，冬季吉林市城区周边地势较高的山地风速相对较大，而地势较低的城区河谷一带风速较小，特别是夜里风速小于1米/秒，静风频率较高。风向以西南偏西为主，夜晚模拟显示在哈达湾及其上游沿江附近存在气流的交汇和辐合，不利污染扩散。这说明从用地布局来看，哈达湾、八家子地区不适于布置建设用地。这是因为，在此布置大气类污染工业将导致空气污染的周边扩散，而在周围污染条件没有改善的情况下，布置居住用地将形成周边对此处的污染（图5-10）。

④城市空间扩展模式

从吉林城市现状格局看，自然山水的空间格局奠定了城市绿地系统的基本框架。由于地形地貌复杂，山峦、河床、沟壑等限制城市发展，形成了众多楔形、带形和块状绿地。松花江干支流与山体等自然要素将城区分为三个部分，使得建成区与自然环境相间分布，形成了组团式结构布局。城市的总体布局较为合理，工业区多在城区的北侧和西北侧（处于松花江下游和主导风向下风向），居住、文教区位于中部和南部。

吉林盆地地形特点使得城市空间扩展必然位于山间河谷平地上。城市发展方向主要是沿松花江干流向上游和下游扩展，再是沿温德河河谷向西发展，沿牤牛河河谷向东发展。基于前面对吉林市城区自然状况的分析，城区及河谷一带地势较低，风速较小，四周又被群山环抱，不利于污染扩散。因此，向风、水下游的北和西北平坦地发展工业比较合适，而松花江上游和城市的上风向的城市西南发展居住区比较正确。结合城市生态格局发展要求和城市现有组团式结构特点及区域可建设用地分布情况，应向南发展小白山组团，向北发展九站组团，新建城市组团与原有的三个城市组团之间，以水系廊道和山体斑块作为分割各组团的自然边界，形成沿江、带状、山水相间的多中心组团式结构布局模式（图5-11）。

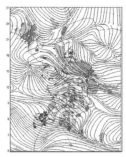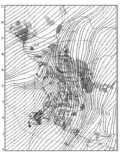

a) 市区冬季流场分布

b) 用地布局指引

图5-10　基于气象分析的城市空间扩展方向
（资料来源：中国城市规划设计研究院. 吉林市城市空间发展战略规划. 内部资料，2005.）

城市生态格局以松花江水系廊道作为城市生态纵轴，以嵌入城区的东西山系和温德河、牤牛河支流水系廊道为横轴，形成以环绕城区的绿色生态环为外环，以两个外围组团伸入主城区的生态廊道为放射型走廊，形成生态轴、生态环和生态走廊相互联系的"环状——放射"型的生态网络结构。这种在形态上呈现出由宽窄变化的轴链式绿地相互联接而成的不规则开放式网状结构绿地模式，具有极大的适应性、灵活性与生长性，能够适应千姿百态的地形地貌变化。它为城市空间的发展提供了自然的生态骨架，并与城市空间融为一体，从而使

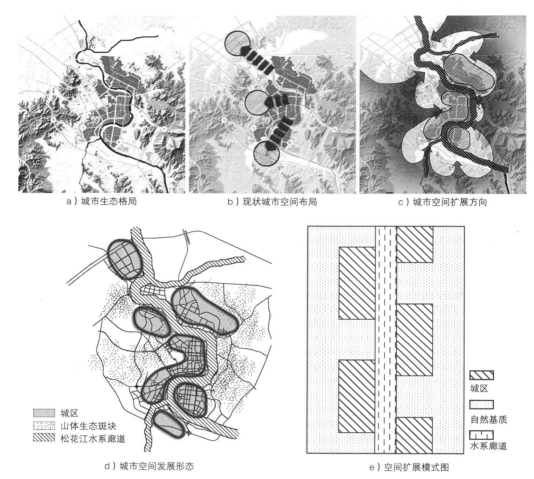

a）城市生态格局　　　　　　b）现状城市空间布局　　　　　　c）城市空间扩展方向

d）城市空间发展形态　　　　　e）空间扩展模式图

图5-11　吉林山水环绕多中心组团式布局分析
（资料来源：笔者自绘）

城市绿地体系真正成为山水型城市的有机组成部分。

（2）城市结构与水系绿廊的整合

①发挥松花江生态轴作用

松花江在城市空间构架中有着重要的地位：一是松花江由南向北流经吉林市，联系江南、市中心和江北，具有城市空间联系纽带的地位；二是松花江及其沿岸地带是吉林市未来的城市创新和城市功能布局的主要依存空间。优化松花江干流在城市生态格局中的生态轴脉地位，除了保护水体，提高水质外，更要注重对松花江所依托的两岸滩地的保护，结合水系横断面的过渡层次进行分级保护。

江堤以下的江滩范围属于一级保护区。这一区域在江水位线上下，有石滩、泥滩、草地以及耐水乔灌木，是水禽喜爱的栖息之地。应避免大型人工构筑物的建设和破坏江滩岸线。

目前江中水禽栖息地主要有龙潭大桥上下游、圣母洞江面、国防园江面、市政府前江面、小白山区域江面、明代摩崖石刻处江面等。对这些区域处理采用的策略为"湿地生境营造"。将现有的泥滩地改造为沼泽缓冲区，一方面在洪水季节蓄积雨水，在干旱季节再将雨水释放，起到"缓冲"作用；另一方面流水经过浓密植物的缓冲区，通过植物的吸附作用，起到净化水质的作用。同时，经过合理的植物配置，河岸线得到了丰富，提高了景观质量。

江堤属于二级保护区。设计建造应遵循生态原则，不宜搞硬质化堤岸。提倡采用绿化生态式江堤。江堤之上避免大型构筑物，以免影响防洪要求及其基础对江岸江底的影响。

江堤外侧的滨江绿地范围属于三级保护区。提倡复合植物生态群落的营造，避免"黄土露天"和污水排放。局部可结合城市空间要求设活动场地和景观构筑物。

②增加绿色生态斑块数量与面积

应从城市居民个体使用的目标出发，建立类型多样，服务半径分级均衡的各种绿地，以发挥其对居民生理、心理、审美的多种功效。吉林绿化建设可分为三个层次。

首先，增加城市中心地区公共绿地数量。中心城区除少数集块状公园绿地外，多以小型绿地与建筑物镶嵌分布。因此，应按均匀分布原则，结合小区建设、旧城区改造、道路扩建等新建和扩建公园绿地、广场绿地和小区绿地，促进其立体化、整型化，注重与建筑物相映成趣，强调其美学效应。

其次，扩建城市周边大型公园。大型公园供市民假日周日休憩娱乐，为文化体育活动提供优美环境，是城市中动植物的主要栖息地。应在生态环境保护的基础上，增强其主题性与特色。在桃源路东段路北修建72公顷的桃源山——炮台山公园，在合肥路东段路北修建65公顷的山前公园，在市区南部小白山修建56公顷的小白山祭祖公园，在温德河北岸修建24公顷滨河公园，建设森林植物园和野生动物园等[80]。

再次，保护城市外围的郊野自然山林和农业生产绿地。城市外围郊野环境是保证城市总体自然环境和谐，维持野生动植物生长，为市民提供季节性休憩旅游的重要用地。应加强生产防护绿地建设，促进改善提高城市生态环境质量。在污染严重的工业区周围营造大面积生产防护林，对工业废气、固体悬浮物起到过滤作用；重视城市外缘大规模环状绿地建设，提高绿地的生态效益，满足市民闲暇需求，以龙潭山、朱雀山等城市周围山林建设为基础，构筑城市外缘的绿地环带，从而净化空气，改善环境，提供野生生物栖息地；在松花湖水源地集水区周围营造涵养水源的林地；在市郊开辟观光草地、果园、菜园、苗圃等生产绿地，既保证城市绿化苗木的供给要求，同时也能改善和提高城市生态环境质量。

③修复山水相连的生态绿廊

景观生态格局建构的重要原则就是强化各种自然环境要素的联系，构建整体的生态网络格局，提高生态承载力和抗干扰能力。吉林整体格局为"四面青山三面水，一城山色半城江"，山是吉林的韵，水是吉林的魂，二者缺一不可。加强山体斑块与松花江水系干支流廊道之间的联系是保证各种自然要素传递、流动，保护城市山水特色的关键。因此，应结合水系、道路、高压走廊等线性要素建设生态绿廊，联系城市内外生态斑块，形成空气、水流和昆虫、鸟类的生态廊道。"绿网"、"水网"与"路网"三网交织使城区绿地和郊区绿地系统贯通一体，构成整体完善的城市绿地系统。下面结合吉林小白山区域规划项目，探讨恢复和建设山水相连生态绿廊的具体策略和方法（图5-12）。

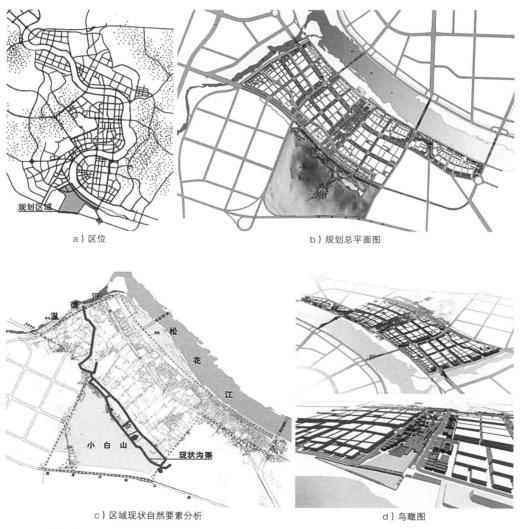

a）区位

b）规划总平面图

c）区域现状自然要素分析

d）鸟瞰图

图5-12　吉林小白山区域规划设计
（资料来源：天作建筑）

规划区域位于吉林市区西南，松花江上游左岸，北至松花江堤线，西至温德河堤线，南至小白山公园，东至规划中的红旗大桥。基地现状为农田、村落与厂矿，有小白山汇集的雨雪水沿地形自然形成小溪，汇聚于温德河，最后融入松花江。但是由于周边村落污水排放形成了臭水沟，最终污染温德河与松花江。在对该区域进行规划设计中，我们采取多项措施来加强山体、水系之间的联系。首先，保证松花江干流、温德河河流廊道的必要宽度，温德河河道宽200米，两岸保证40米绿化带；其次，修整区域内的污水沟，根据规划布局对水系进行重新规划，在小白山下设置集水湖泡，在区域内设置河流廊道将水引入温德河；最后，建立小白山与松花江之间平均宽度为120米的绿色廊道，使山体生态景观与河流生态景观连为一体。通过建立联系小白山山体生态斑块和温德河、松花江水系生态廊道，提高了区域生态网络的连通度，形成良好的人居环境，塑造了区域独特的生态景观特色和城市空间布局特色。

5.3.2 哈尔滨——水绿融合指状结构布局

（1）整合城市形态与自然环境

①城市空间扩展需求

哈尔滨城区2003年实际居住人口为325.1万人，与1998年的302.4万人相比，增加了22.7万人。哈尔滨城区人口的机械增长是人口总量增加的主要原因，1990年代人口年均机械增长率为5.80‰，近五年人口年均机械增长率为10.05‰。

不断增加的人口总量，使城市用地紧张的状况日益加剧。哈尔滨市建成区2003年用地为225.09平方公里，人均建设用地只有74.5平方米，人均各项用地指标在国内大城市中也属偏低水平（表5-6）。由于社会、经济、历史等各方面因素影响，人口密度分布不均，差异较大，表现为内紧外松。中心城区公共活动空间极其匮乏，居住用地缺乏的矛盾日趋加剧。按照哈尔滨城市发展需要，老工业基地的改造和振兴需要增加用地40平方公里，主要集中在平房南部和哈东工业区；城镇化进程加速需要增加用地113平方公里；生态园林城市建设需要增加公共绿地28平方公里；提高人居环境质量需要增加居住用地33平方公里；城市基础设施建设需要增加用地38平方公里。第四轮城市总体规划（2004年～2020年）中，虽然增设了松北区和呼兰区，市区建设用地增加到458平方公里，规划居住人口460万人。但老城区建设的惯性没有刹住，城市建设投资的热点，仍然集中在江南中心城区。从上面的分析不难看出，有计划地将中心区人口向外围疏散，改变原有城市空间扩展方式已势在必行。

哈尔滨人均用地指标与国家标准比较　　　　　　　　　　　　　　　　表5-6

	哈尔滨	国家标准	发达国家标准
人均居住用地（平方米/人）	18.22	18~28	
人均建设用地（平方米/人）	74	82	200
人口密度（万人/平方公里）	1.57	0.9~1.2	0.2~0.5
道路网密度（公里/平方公里）	4.57	5.6~8.22	6.99~36.2
人均占有道路面积（平方米/人）	6.32	10~14	77~78.3
人均园林绿地面积（平方米/人）	5.89	7	15~45.7

②交通网络空间导向

从城市空间扩展的交通导向上看，铁路和公路在对外联系中一直发挥着主导作用。哈尔滨区域有四个重要的经济流向：西南方向为双城、长春和北京方向，通过京哈高速公路、京哈铁路与国内其他地区联系；西北方向依次为肇东、大庆、齐齐哈尔直至内蒙古和俄罗斯；北部方向依次联系呼兰、绥化、黑河至俄罗斯；东南方向依次联系阿城、尚志、牡丹江，直至俄罗斯的符拉迪夫拉沃斯托克，有绥满高等级公路及绥满铁路[32]。

③生态环境条件约束

随着城市空间的扩展，哈尔滨市及周边自然景观生态结构对城市发展方向的确定与建设用地的选择影响越来越大。哈尔滨城市的自然环境是以广阔的农田为基质，以南部、东部森林、呼兰河、阿什河三角洲、松花江南、北湿地为自然斑块，以松花江、阿什河、呼兰河、马家沟、何家沟、信义沟为廊道的生态系统。在哈尔滨城市用地的六个发展方向中，城市东部或东南部属岗阜状高平原，海拔高度为160~210米地形起伏较大，地下水资源不丰富，北部为松花江河漫滩，对松花江水系环境干扰较大，防洪压力大，受化工区污染、阿什河阻拦和微波通道的限制，存在较大环境问题；向西南、南发展，区域属松花江阶地，海拔高度为130~140米，工程地质条件好，西部地下水丰富，区域为城区上风向，大气环境好；向西，是城市地面水源所在地，区域西部有部分河滩地，现在主要为建筑垃圾场、养鱼场和低地水塘，这里处于松花江以南，防洪压力较小，处于城市上风向。综合各种生态因素，在城市跨江发展的前提下，城市的发展空间发向城市北部、西部、西南部（图5-13）。

（2）指状城市空间格局

哈尔滨从一开始就依托铁路枢纽，以松花江南岸滨江地区为中心，逐步沿江、沿路向外围地势较高、建设条件较好的地区发展。现在，哈尔滨城市形态正处于由团块状向外蔓延发展的状态，其主导模式是圈层式拓展，如果不加控制必然以"摊大饼"的方式扩张，将导致

城市功能的下降。常规的做法是，在城市
建成区周边设置环状绿带来限定城市的发
展，日伪时期的《哈尔滨都邑计画》中就
可以看到这种做法。但是，这种看似生态
的规划方式其实并不是一种与环境相契合
的做法。麦克哈格说："在城市的规划中，
那种不考虑城市生态肌理把城市绿地沿环
状布置并非是一种科学的设计"[4]。因为，
设置环状绿带的区域与周边区域并没有差
异，同时城市扩张在一段时期内也是不可

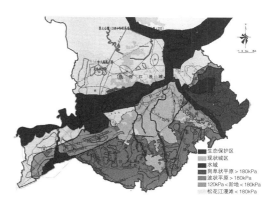

图5-13 哈尔滨市域基质环境分析
（资料来源：哈尔滨市规划局. 哈尔滨市总体规划（2004—
2020）.内部资料，2003.）

避免的，随着城市扩张，绿带必然会被侵蚀压缩，起不到限制城市蔓延的作用。

从一些城市的发展经验看，环状绿地容易在城市发展中遭到破坏，如东京和首尔采用环
状绿带均没有达到预想的效果。哈尔滨虽然确立了城市跨江发展，但是城市空间沿交通轴向
外延式的趋势依然强烈。基于对城市几何特征的分析，从城市生长潜力及与周围自然空间的
关系而言，星形放射状城市中心区集中紧凑，避免了低密度蔓延造成土地资源浪费和城市对
乡村景观的侵蚀；从中心区向周围，城市通过公共交通干线以指状延伸，可以在不影响城市
功能的同时满足规模扩张的需求。例如丹麦首都哥本哈根采用一种指形星状城市形态，辅之
以运行良好的公共交通体系，被公认为具有可持续性的城市[81]。而且星形放射状城市的指
状伸展轴之间还为绿楔提供延伸空间，增加城市斑块与基质的接触界面长度，便于内外环境
交流。

从景观生态学理论来看，在宏观尺度下，如果我们将城市建成区看成一个斑块的话，其
研究重点应该是回答什么样的斑块形状是更为高效的。景观生态学认为：圆形斑块在自然资
源保护方面具有最高的效率，而卷曲斑块在强化斑块与基质之间的联系上具有最高的效率。
福尔曼也强调：为完成斑块的几个关键功
能，其生态学上的最佳形状应为一个大的核
心区加上弯曲的边界和指状突起，其延伸方
向与周围流的方向一致[71]（图5-14）。指状
城市既集中又分散。它可以增加"城乡混合
景观"的比例，使大自然渗透到城市核心的
可能性加大。

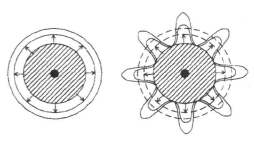

图5-14 圆形斑块与指状斑块
（资料来源：R. T. T. Forman. Landscape Mosaics [M].
Cambridge：Cambridge University Press，1995.）

从哈尔滨的水系景观生态格局看，市域

基质构不成城市用地发展突出的限制因素，但以松花江水系为主的河流湿地廊道系统则对未来城市空间布局有明显的导向和制约作用。松花江干流和阿什河形成了较宽的绿色廊道，对城市向北向东连绵式发展起到了限定作用，城市跨越发展只能以独立组团的模式出现。马家沟、何家沟、信义沟三条松花江支流水系穿越城区，与城市周边的自然环境相联，起到联系城市内部生态环境与外部生态基质，把郊野景观引入城区的作用。因此，应以马家沟、何家沟、信义沟三条松花江支流水系廊道为依托，形成绿楔伸入城市。在水系绿楔之间的地区，是城市指状延伸的空间。由中心向外辐射的公共交通走廊构成城市的伸展轴，伸展轴之间通过环形快速交通连接。

哈尔滨市应以现有水系生态廊道系统为基础，构建"一江、两河、三沟、四湖"的生态框架。城市水系廊道是城市中自然因素最为密集、自然过程最为丰富的地域，是城市的天然生态轴线。综合城市空间的演化规律、区域自然景观结构、区域交通网络与经济流向、用地建设条件及发展门槛等多种因素的综合分析，哈尔滨主城区的发展方向是由单中心圈层式扩展向多中心放射状格局转变。结合城市向外辐射的交通干道，规划城市未来发展空间，通过明确界定绿楔的基本保护区和缓冲区，可以从制度上防止城市建设对绿地的侵蚀，而城市沿交通线指状延伸的形式也减少了对绿色空间的压力，在结构上保证绿楔不被分割和破碎化。从而避免城市空间连片面积过大而导致城市生活环境的恶化和水系生态系统的破坏（图5-15）。

（3）保护松花江多样化景观格局

哈尔滨跨江发展很重要的一个目的就是缓解城市用地压力，适当遏制城市"摊大饼"的扩展模式，形成生态上更优化的城市结构。而松花江以水系为纽带形成的宽幅绿带，正可抑制城市以"摊大饼"方式蔓延。松花江北岸受河床地貌和河流水文特征影响，形成了以湿生和沼生植被为特征的河谷洪泛湿地生态系和自然景观单元，成为哈尔滨城市景观生态结构中不可替代的宝贵的自然遗产，具有重要的城市景观生态价值和环境功能。因此，在城市发展中，保护松花江沿岸湿地自然条件和生态环境，合理利用湿地景观资源，成为哈尔滨市生态建设的长期任务。

现在，位于松花江哈尔滨下游大顶子山航电枢纽工程，将于近期将开始下闸蓄水。此后，松花江哈尔滨段江面的水位将会常年保持在116米左右，比枯水期高出6米，哈尔滨市境内的松花江上将形成一个水面面积240平方公里，总库容量17.3亿立方米的人工湖。其好处一是随着水位上升，沙滩裸露、河水黑瘦的现状将得到全面改观；二是改善哈尔滨区段的通航条件，实现哈尔滨至同江全线达到三级航道标准；三是松花江水位提高并长期保持稳定，将对地下水形成侧向补给，使沿江地下水位逐渐提升。

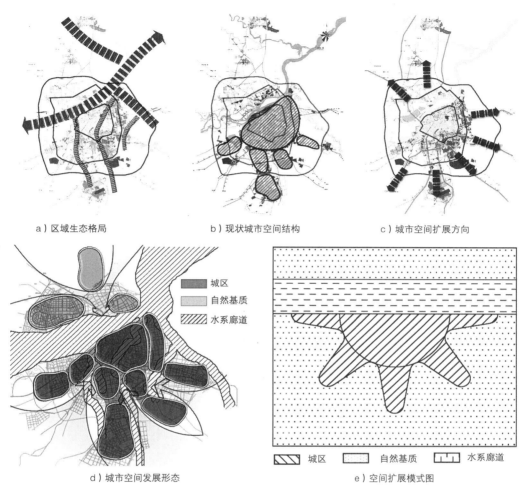

a）区域生态格局　　　　b）现状城市空间结构　　　　c）城市空间扩展方向

城区
自然基质
水系廊道

d）城市空间发展形态　　　　　　e）空间扩展模式图

城区　　自然基质　　水系廊道

图5-15　哈尔滨水绿嵌合指状结构布局分析
（资料来源：笔者自绘）

但是，对松花江自然环境大规模干预，会引起其他生态问题。其一，是对冰封期（枯水期）水质的影响，该项目实施及运行时，库区水域面积比建成前扩大，水域流速变缓，库区段的污水量加大，其有机污染物浓度会有所增加。其二，项目建成后由于库区水位提高，地下水位上升，使松花江两岸流域有可能出现次生盐渍化，部分土地含盐量将有所增大，土地板结，不宜种植农作物。其三，市区松花江长距离大量淤积。哈市中心区距离大顶子山枢纽46公里，正处于水库前部中段。松花江水流进入库区，流速大幅度减缓，运动的泥沙失去动力，很快沉淀，加速了河道淤积，将对航运和城市防洪造成危害。因此，对于河流系统的改造，必须谨慎，不但要从景观格局上研究更要从生态功能等多方面进行评估，保护沿江多样化景观格局。

①保护原有生态结构

松花沿岸泄洪区包括大面积漫滩、湿草甸、蝶形洼地、牛轭湖以及江中孤岛、河中沙洲，以非地带性沼泽、沼泽化草甸及低湿草甸植被为优势，并有岛状林及岛屿植被特征的河谷洪泛湿地生态系和自然景观单元，洪水期一望无际的水面，可延伸十几公里。该片区有野生植物350余种，以禾本科、豆科、蔷薇科、蓼科和沙草科居多，木本植物有榆、柳、松、杨、稠李、刺玫等；有鸟类100余种，如野鸭、云雀、白翅浮鸥等；有赤狐、貉、黄鼬、麝鼠、草鼠等兽类10余种；鱼类10余种，爬行类2种，两栖类6种[82]。建设中我们必须充分认识到北岸洪泛湿地的景观特征、环境功能对哈尔滨城市景观建设的重要性，不能简单地作为城区外围土地进行开发利用。在松花江北岸洪泛湿地内自然地貌应占绝对的主体，从中通过的城际高速公路、城市环路、防洪堤坝和已修建的景点及其他人为活动面积不应超过总面积20%，保护北岸洪泛湿地生态系的稳定和自然景观单元的完整性。

②保障行洪空间

松花江沿岸洪泛湿地是分布在外围与建城区连为一体的湿地植被覆盖区，丰水年洪泛期可接纳松花江20%~25%水量，其水面面积占总面积60%以上，因此必须保护足够的泄洪区面积和其自然分布状态，包括前进堤以南泄洪区在内的所有泄洪区都不应有人为侵占，保持其原始自然植被。保护贯穿北岸湿地全境的松花江江岔——金水河沿岸及其他洪泛溢水通道，恢复北岸洪泛湿地自然水系分布状态，通畅河道水系网络，保证洪泛期湿地泄洪功能和对湿地、泡沼的水分补给。不应人为的过量建坝围堤，违背自然规律，充分认识到接纳洪水的必然性和保持湿地景观的意义，不应为了土地价值带来眼前经济利益，而破坏宝贵的自然遗产和城市长远生态利益。

③建设生态公园

北岸洪泛湿地生态系以及松花江本身作为哈尔滨重要的城市自然景观要素和残余斑块，镶嵌在城市边缘，即保持其独立的自然属性，又与城市发展有机地融为一体，这种完美的景观生态布局在空间和水平分布上强烈地影响着城市整体景观设计和效果，增强了城市整体美感，增加了城市的自然性，充分体现出城市中的自然要素与人工要素的协调配合。人工景点和必要的设施建设要与这一特征的自然景观基调相协调。选择典型地段，建立岛状林、沼柳灌丛、草甸、湿草甸、草甸沼泽、泡沼、漫滩等不同类型湿地生态系统的科普教育示范公园，使人们在休闲度假和充分享受野外自然风光中，增加生态科普知识和提高生态保护意识。

（4）构建支流水系生态绿楔

哈尔滨中型及小型绿化斑块所占面积达到43.66%，它们数量众多而且分布广泛（表

5-7）。这些绿地与市民日常生活关系密切，但是由于面积小、景观破碎等原因，其生态效能较低。而贯穿城区中的马家沟、何家沟、信义沟等河流可以将这些中小型斑块与郊外大型绿地串联起来，从而提高城市绿地景观格局的生态效能（图5-16）。同时，以河流为纽带的绿楔也是防止城市空间"摊大饼"式扩张的重要屏障。哈尔滨市规划局在城市绿地系统的未来规划（2002—2007年）中已提出建设"三沟一河"的绿化通道，实现组团式布局。但是，绿色廊道在规划时要特别注重多种功能：除了作为文化和休闲娱

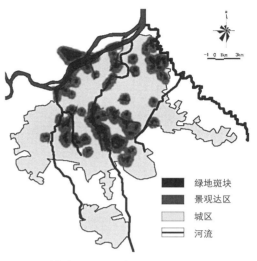

绿地斑块
景观达区
城区
河流

图5-16　哈尔滨主城区水系廊道与绿色斑块
（资料来源：笔者自绘）

乐走廊外，最重要的是它应作为自然过程的连续通道来设计，使之成为城区南北部郊野景观的一个联系廊道，增强周边环境的活力，激活城市空间以及创造动态景观。下文结合哈尔滨何家沟综合整治规划设计，探讨哈尔滨水系绿楔的建构方法。

哈尔滨市城市绿地斑块分级类型　　　　　　　　　　　　　　　　　　　　　表5-7

绿地斑块类型	斑块面积（公顷）	所占比例（%）	斑块个数	所占比例（%）
小型斑块	391.50	21.55	7814	86.19
中型斑块	401.66	22.11	1020	11.25
中大型斑块	423.11	23.29	196	2.16
大型斑块	600.55	33.06	36	0.40
合计	1816.82	100	9066	100

（资料来源：王天明，王晓春等. 哈尔滨市绿地景观格局与过程的连通性和完整性. 应用与环境生物学报［J］. 2004，10（4）：402~407.）

何家沟南起平房区南部张家站附近，北至松花江哈尔滨市区段上游，流经哈尔滨市平房区、南岗区和道里区，全长32.6公里。何家沟上游分东、西两条河沟，东河沟发源于哈尔滨市南岗区哈达屯，全长6.8公里。西河沟发源于哈尔滨市平房区张家站附近，全长22.7公里。目前该沟面临的问题：一是污水横流、臭气弥漫，两岸垃圾遍布，污染日趋严重；二是河道狭窄、淤泥严重，影响泄洪。

　　哈尔滨市何家沟综合整治项目，是哈尔滨市"十一五"期间的城市建设重点工程之一。以污水截流、河道整治、引清水工程为基础，以生态环境建设为核心，实现文化、旅游、产业、住区的复合功能。通过何家沟的综合环境整治将拓展城市空间、改善城市环境、完善城市载体功能、构建特色景观、增强区域活力、带动产业发展，实现景观生态廊道、文化旅游带、高新产业带和新型住区的整合发展（图5-17）。

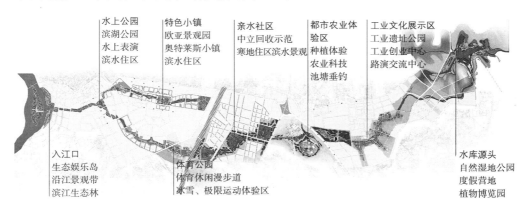

图5-17　何家沟生态景观规划
（资料来源：天作建筑）

　　①引源入河及污水治理

　　在水系的治理中应增强水体的自净还原功能，同时节制使用工程措施，推广污水资源化，还水道以自然本色，这样既可减少工程投资，也可以利用自然的生态过程净化污水，而且能维护城市中难得的自然生态过程。何家沟整治规划中明确提出：污水、清水分流。具体植物措施包括：

　　加强污染源控制：严格控制废水及污染物的排放量，何家沟汇水区内各生产企业必须在限期内使其排放水质符合国家污水综合排放标准。

　　实现污水截留：建设污水截留管线，使污水不在进入河道而由污水截留管线输送至污水处理厂。

　　引清水入沟：清水水源由南部工农水库引入，结合污水处理厂处理后的排放水进入何家沟，使其变为一条清水河。

　　两岸绿化：通过沿何家沟两侧的种草植树，防止雨季河沟两侧的冲刷，防止水土流失。

　　建设污水处理厂：通过污水转输管线，将何家沟排水区内的污水全部转输至松花江下游阿什河河口的污水处理厂，经二级处理后排入。

　　②分区梯度绿楔格局

　　在城市河流景观格局分析中，应具体针对河流廊道以及廊道网络进行河流景观的格局分析。河流廊道空间特征的分析指标包括廊道宽度、廊道曲度和廊道宽长比等，其中宽度效应对廊道的性质起重要的控制作用。按照综合整治的功能分区和两岸的现状条件，将何家沟两岸的生态景观格局分为以下四个区段，分别设定不同的功能性质与廊道空间特征指标（表5-8）。

水库原野景观区：将何家沟延伸至工农水库，利用水库作为清水水源，解决何家沟水源不足，经常断流的问题。结合现状水库周边自然条件，建设湿地公园。河宽10米，绿廊控制宽度1000米，长10.5公里。

平房工业景观区：西河沟的平房区段，形成以平房公园和南秀公园为主，园带相结合的景观区。河宽10米，绿廊控制宽度200米，长9.9公里。

农村田园风光区：西河沟从平房污水处理厂至京哈铁路，把这一带建成具有农村田园风光色彩的景观区。河宽15米，绿廊控制宽度1000米，长11.9公里。

城市休闲区：东河沟及西河沟下游，两河沟汇合地带及干流段。主要处于市区段，是改善城区人居环境，提升城市景观的重要场所。河宽20米，绿廊控制宽度120米，共长11.2公里。

何家沟生态景观格局 表5-8

区段划分	范围	廊道空间特征			生态景观节点及内容	
		长度（公里）	河宽（米）	绿廊宽度（米）	生态景观节点	生态景观内容
水库原野景观区	工农水库至平房区	10.5	10	1000	水库风景区	自然湿地公园 高科技植被博览园 湖滨度假村
平房工业景观区	平房区段	9.9	10	200	高科技产业园	工业遗址公园 文体社区中心
农村田园风光区	平房污水处理厂至京哈铁路	11.9	15	1000	农业生态体验区	京哈公路入口景观 高产农业示范园
					亲水住区	中水利用示范住宅区
					湖泡生态园	休闲度假村 城市湿地公园
城市休闲区	京哈铁路至松花江	11.2	20	120	欧亚景观园	欧亚之窗公园 欧陆风情小镇
					奥体中心	滨水体育文化长廊 户外极限运动
					城市水上公园	滨水游园 水上观演舞台
					河口湿地公园	生态岛 沿江景观带

③生态节点景观塑造

在优化格局时，一定要注意识别一定的生态战略点。对于城市河流景观而言，应该对以下几种地段予以格外重视：河流交汇处——交汇的河流越多其生态重要性越大；河流进出水库的位置——水库面积的大小以及水位的高低都会影响到水库前后河流的生态水文过程[83]；点源污染在河流上的排放位置——河流上不同污染物排放相对位置的关系不仅会影响河流景观水体自净功能的实现，而且很大程度上可能会加剧水质遭受污染的程度；河流与其他交通廊道的交汇处——这种交汇点往往因服务对象的不同而表现出复杂的相互作用关系。

在何家沟整治规划中，我们对河流廊道中生态战略点进行着重处理，恢复其生态功能，塑造特色景观，共形成了九个主要的生态景观节点：水库风景区、高科技产业园、农业生态体验区、亲水住区、湖泡生态园、欧亚之窗公园、奥体中心、城市水上公园、入江口湿地公园（图5-18）。

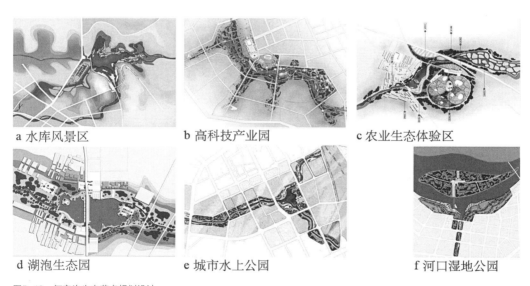

a 水库风景区   b 高科技产业园   c 农业生态体验区

d 湖泡生态园   e 城市水上公园   f 河口湿地公园

图5-18　何家沟生态节点规划设计
（资料来源：天作建筑）

5.3.3　佳木斯——水网交错组团结构布局

（1）整合城市形态与自然环境

①生态环境条件约束

从城市生态格局看，佳木斯依偎在秀美的松花江南岸，南部为四丰山、猴石山，城市建于松花江与低山丘陵所限定的东西走向的带形地段。松花江与山脉形成了城市两侧东西向的生态横轴。城区西南地势较高，中心区海拔80~81米；学府街至四丰山地区的地势也较高，海拔91.5~97米；南部桦拉沟平均海拔82~84米，这些条件都有利于河水向市区的流动。流经佳木斯的松花江，与城区的音达木河、英格吐河、杏林河、王三五河等多条自然河流形成百溪汇川之势。丰富的地表水、地下水为城市及工业的发展提供充足的水源。佳木斯市区地基稳定，承载力大。南部山区植被不甚发育，自然坡度大，易产生崩塌。北部松花江漫滩及山前台地地势平坦，地基承载力除沿江和山前局部地段外，R值均大于15吨/平方米[33]。因此，自然环境对城市用地发展的限制主要是南部地形条件和北部松花江水系环境。

②城市空间扩展方向

2000年，佳木斯市区人口85.99万人，城区面积59平方公里，预计到2010年人口达到88.2万人，城区面积扩大到68平方公里；2020年人口达到95万人，城区面积扩大到82平方公里（表5-9）。城市空间扩展的速度较为平缓。从现状城市空间结构看，佳木斯沿江带形发展，初步形成了一城三区的布局模式：即中部中心区、佳东工业区和佳西工业区。但是，除中心城区外，佳东、佳西两区以工业为主功能单一，对中心城区有较强的依赖性，三区只是功能上的分区。带形城市随着规模的不断扩大，必然会带来功能、交通等问题。由于北部松花江、南部丘陵地形的限制，城市短期内跨江发展不现实，因此，根据城市地质环境，自然资源优势，城市发展方向和环境地质问题，佳木斯城市空间发展的指导思想是：南北保护，中部治理提升，东西综合开发。南北保护：指处于北部松花江水域区和南部丘陵地区，以保护资源环境为主。中部治理提升：指中部以城区改造和治理为主。东西综合开发：指佳东佳西两个工业区是未来城市空间扩展的主要方向，在发展的同时，加强环境的治理，坚持开发与治理相结合的原则。

佳木斯城市人口、用地发展目标 表5-9

	2000年	2010年	2020年
市区人口（万人）	85.99	88.2	95
市区非农业人口（万人）	60.3	70	83
城镇化水平	70.2%	80%	87%
城区面积（平方公里）	59	68	82

③城市空间扩展模式

河谷廊道由于城镇化与人为扰动已极难维持其原有的生态及水文功能。一方面人为扰动带来直接的环境影响，产生土壤冲蚀以及河道沉积作用；另一方面，在中下游区段人工化的河道以及河岸两侧的高度城镇化发展往往彻底改变原有的河谷廊道景观构造。福尔曼针对这

种人为干扰下河谷廊道所面对的现实生态景
观问题，提出一个"洪水平原梯形模式"。
"洪水平原梯形模式"，即在中下游段河谷培
育水平方向的连续性带状植被，以间隔方式
容许各类城市土地使用的横向发展，使得河
谷两侧坡地间的侧向连续性得以维持，这是
一种能融合城市发展并且维持一定生态过程
的景观生态规划方法（图5-19）。

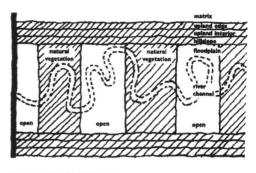

图5-19　洪水平原梯形模式
（资料来源：R. T. T. Forman. Landscape Mosaics [M].
Cambridge：Cambridge University Press, 1995）

　　佳木斯位于松花江下游，城市空间沿河
谷带形发展，可以借鉴这种模式整合城市形态与水系生态环境的关系。松花江作为主要横向
生态廊道，引导城市发展，形成沿江带状的城市空间布局结构，保持城市空间侧向对自然环
境的开敞，使滨江绿带和山体绿带系统能发挥较大的生态效能并具有良好的可达性。根据城
市发展需求，促进城市空间向多中心组团式布局转变，以东西向公共交通为轴，形成串珠式
布局，以避免带形城市的各种弊端。而城市的多中心组团式结构的建设应结合自然景观格
局。城市东侧音达木河、西部英格吐河位置适中，可以以水系为依托，扩宽两侧绿带，形成
三个组团之间的自然隔离带，避免城市的蔓延式发展（图5-20）。

（2）建构城市生态景观格局

　　佳木斯城市生态格局的发展可以按照景观生态学理论分成三种要素：城区斑块、水系廊
道和自然基质。

　　①城区斑块

　　按城市空间发展的需求强化分区中心的辐射功能，引导其走向串珠式组团结构。

　　中心区范围南到山前台地后缘，北到松花江边，东、西分别以音达木河和英格吐河为
界，包括市中心区和东南工业区及佳西工业区的一部分。区域功能为城市政治、经济、文
化、教育、商收服务中心，是生活居住和商业服务区，具有人口密度大、公共建筑物多的特
点。现存环境问题有：地下及地表水污染较严重；大气环境质量差，有酸雨出现；四、六
水源地地下水酚污染严重，这一带已形成地下水降落漏斗，中心水位降幅达8米。因此，应
在综合治理水域环境的基础上，强化中心区的综合服务能力，适当向南延伸，提高商贸、居
住、基础教育等产业的功效性，限制性的发展基本无污染的轻工业、第三产业。

　　佳东工业区位于音达木河以东和松花江灌区排水干渠的以北地区，是城市的老工业基
地，经济建设的中心，也是佳木斯环境污染严重的地区。造成污染的来源主要是工业区大企
业如造纸、发电、化工、农药等厂的七废排放及污染。其发展措施为：在环境整治的基础

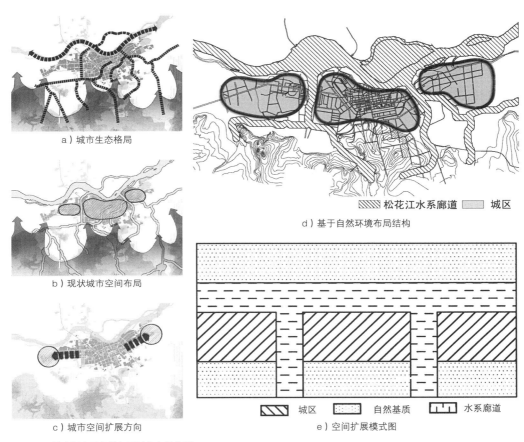

a）城市生态格局

b）现状城市空间布局

c）城市空间扩展方向

松花江水系廊道　城区
d）基于自然环境布局结构

城区　自然基质　水系廊道
e）空间扩展模式图

图5-20　佳木斯水网交错组团结构布局分析
（资料来源：笔者自绘）

上，突出优化产业布局，以化工、造纸等产业功能和航空港服务功能与西区两翼齐飞，使其成为重要的产业和物流经济功能区。

佳西工业区位于英格吐河以西，黑通村以东，下连排水干渠，是市区供水的重要水源地。未来发展应对佳西友谊糖厂的废水回收利用，以消除对水源地的污染，以发展轻纺、机械、林产加工、建材等低耗能、耗水工厂企业为主，以政府西迁和高新技术园区开发为的契机，加快近郊城镇化，强化佳西区行政和文化休闲功能，形成新兴的行政、文化、金融中心。

②水系廊道

佳木斯水系廊道的建设方向是形成水系生态网络。

首先，要治理河流污染。佳木斯城区内河网密布，但由于经济发展与环境保护不协调，致使河水及两岸的污染日益严重。且由于几条河流均位于主城区，两岸工厂和居民较多，乱搭乱建现象时有发生，乱倒垃圾更是随处可见。这严重阻塞了河道，导致大量的垃圾淤塞，河水难以通行，环境卫生极差。严重地影响了人们的生活环境，也对佳木斯市的环境面貌与沿河的城市建设造成了负面影响。应控制排放量、排放浓度，提高污水处理能力，增强城市居民保护河流的意识，共同营造和谐的生态环境。

其次，通过"引水进城"改善水质，增加水体面积。可行性较强的是由长青灌渠引入江水和从大头山灌溉站引江水的方案。即由四合泵站提松花江水，经长青灌区分流至英格吐河和杏林河，再入王三五河，最后经音达木河入松花江。同时在四丰山水库设泵站一座，并开挖2.5公里的人工河来连通王三五河，继而流经干流音达木河汇入松花江。

最后，保证河流廊道两侧绿带宽度。英格吐河、音达木河、杏林河、王三五河等市区内的松花江支流，构成城市系列生态纵轴，起到联系松花江干流生态廊道和南部山脉两条城市外部生态走廊，分割城市连片建成区的重要作用。根据景观生态学的研究，河流两侧绿带应保证100米上，这样可以促进山体斑块与松花江廊道中的小型物种的流动。音达木河和英格吐河两侧可考虑建设具有一定宽度和高度的林木隔离带。同时，结合这些支流水系绿廊，设置公共开放空间，使其成为为城市居民提供绿地和空气新鲜的休闲场所，从而使佳木斯成为真正意义上的"北方水城"。

③自然基质

城区周边的农田、林地是城市赖以生存的自然基质，在城市建设中应以保护、修复和综合利用为主（图5-21）。

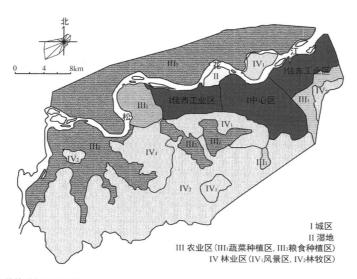

图5-21　佳木斯自然基质类型及分布
（资料来源：佳木斯规划局）

首先，保护开发农业区。其范围为除城区和工业区以外的河谷平原和山前台地，包括近郊的蔬菜基地和远郊的粮食基地。主要环境问题包括：村屯居住区地下水污染和山前台地区水土流失，边坡失稳等问题。应采取的开发整治措施有：近郊平原应开发为城市的蔬菜基地，远郊平原建成粮食副业基地，坚持开发与保护相结合的原则；严格控制化肥农药的过度使用，防止有机磷和有机氯对土壤和地下水的污染；山前台地前沿和边坡地带不宜开荒种地，应植树造林，防止水土流失。

其次，保护为主的林区，包括整个丘陵山区和柳树岛。主要环境问题有：森林稀疏，新老冲沟发育，水土流失加剧，岩石崩塌。其开发整治措施包括：植树造林，控制水土流失；大规模的开展封山育林活动，严禁毁林开荒，将一部分坡度较陡的农田退农还林，使丘陵区森林覆盖率在近期内达到30%以上，远期应达到50%以上；柳树岛应改农耕为营林，建设成为具有佳木斯地方特色的旅游疗养胜地，成为名副其实的柳树岛，供人们消夏、避暑、旅游观光。

最后，发挥湿地生态社会效能。前文已经提到，湿地作为"地球之肾"在抵御洪水、调节径流、蓄洪防旱、控制污染、调节气候、控制土壤侵蚀等方面有显著功效。英格吐河河口湿地是城市内部的一块大型湿地，面积约6平方公里，作为两条河流的交汇点是景观生态学所谓战略点（指那些对维持景观的生态连续性具有战略意义或瓶颈作用的景观地段[71]）。但是，由于位于防洪堤坝之外，无人管理成为城市垃圾倾倒的场所，不仅没有发挥其应有的生态功能，反而成为水系污染源。面对这种情况，城市规划部门准备将防洪堤坝向北移，将这块湿地开发为城市建设用地。然而，这种做法也是违背生态原则的，其原因在于没有认识到湿地本身的生态价值、社会价值和经济价值。湿地由于有净化水体的功能，逐渐成为城市污水处理重要的发展模式和研究方向。佳木斯英格吐河河口湿地的生态恢复可与污水处理联合建设，划出一块湿地建设污水厂，解决英格吐河污水处理问题。另外，英格吐河河口湿地的恢复建设应注重景观设计和复合功能开发。根据这块湿地位于城市内部且紧邻滨江公园的区位特点，应将其建设为治污、蓄洪、休闲为一体的湿地公园，成为为居民提供休憩、娱乐、教育的场所。

5.4 本章小结

本章以水域环境生态和谐为指向，探索典型城市空间格局发展方向。首先，通过引入景观生态学的理论方法，对典型城市生态格局进行分析，指出吉林为带状河谷盆地生态结构；

哈尔滨为平原平行水系生态结构；佳木斯为丘陵树状水系生态结构。其次，针对现存环境问题，提出整合城市水域生态环境的恢复性原则、网络化原则和契合性原则。最后，依据这些原则，并结合典型城市的生态格局、城市布局、城市空间拓展方向等因素，提出与自然环境和谐的典型城市空间布局发展方向：吉林山水环绕组团式结构布局，哈尔滨水绿融合指状结构布局，佳木斯水网交错组团结构布局（表5-10）。

典型城市空间结构布局扩展示意 表5-10

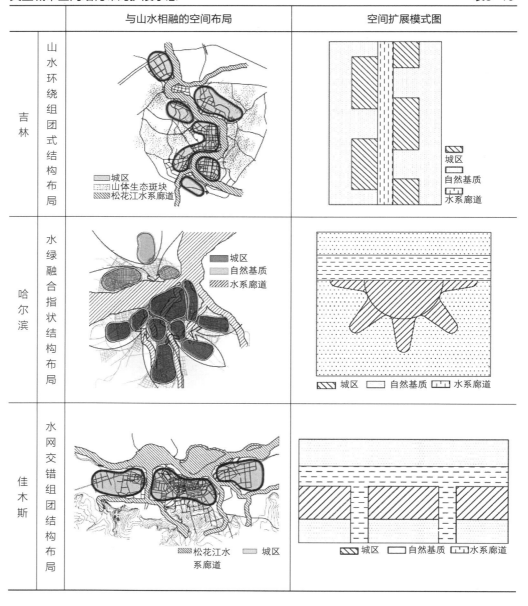

第6章

循江而生的
空间特色

6

城市特色是指一座城市的内容和形式明显区别于其他城市的个性特征。城市特色包括内涵和外在表现两个方面：城市特色的内涵是指城市的性质、产业结构、经济特点、传统文化、民俗风情等，城市特色的外在表现即城市空间形态。每一座城市的区位、自然条件和城市景观都是独特的，只有保持城市具有特色"部分"的完整独立，才能展示其真正的特征。

河流长期融入城市生活，不仅塑造了城市的物质形态，也塑造了城市的文化精神，体现了城市的历史积淀。松花江流域自然环境形成了典型城市生长的独特地理背景，松花江流域文化是典型城市文化特色的本源，表现出鲜明的地方特色。本书认为松花江对典型城市特色的影响可分为两个层面：一是作为自然要素直接对城市的外部形象和结构形态产生的影响；二是在人与自然的互动中，塑造独特的城市文化，间接影响城市形态特色。因此，本章从城市文化层面、城市形态层面和集中展示江城特色的滨江景观层面，展开城市空间特色建设策略的研究。

6.1　开发江城文化资源

城市之所以具备某种特定的形态，是各种外力作用的结果这些外力包括经济、地理、技术、文化等等，而文化是这其中显效最缓慢，最具隐含性和持久性的力量。城市空间形态与城市文化之间有种相对应的关系。城市空间形态所蕴含的场所精神，折射出的正是城市文化、历史内涵、市民精神、社会审美心理与意识形态等等。所以，城市空间形态特色的核心是地域文化特色。然而，城市形态与资源环境的关系较为直观而易于察觉和理解；城市文化与资源环境的关系则较为抽象和难以察觉。因此，探讨松花江与城市空间形态特色关系不能仅停留在物质形态层面，必须触及城市文化内涵。

总体上看，松花江流域典型城市文化特色资源可分为水域文化、冰雪文化、历史文化三个方面内容。

6.1.1　水域文化特色资源

水文化是人们在与水打交道的过程中创造的一种文化成果，是人类社会历史发展过程中积累起来的关于如何认识水、治理水、利用水、爱护水、欣赏水的物质和精神财富的总和[84]。松花江沿岸是典型城市发展的起点，也是各种文化、商业活动集中的地方，城市的文化积淀和历史痕迹与河流密切相关。在城市发展过程中，河流不仅具有了生态、功能上的表层作用，更具有承载城市文化、体现历史延续性的深层作用。许多历史变迁的遗迹都可以在城市的水域环境中找到印迹，水的永恒性为城市文脉的延续提供了可能，而独特的水域文化又增添了城市的个性和无穷的魅力。

（1）古代船厂文化

吉林船厂始于明代，自永乐时起，开始在今吉林市松花江上设置船厂，其位置在温德河南岸松花江畔上。清朝时期，顺治帝下令在吉林设厂造船，巡行江上以防沙俄。至康熙年间，扩大船厂规模，既造战舰又造粮船，是当时全国的大型船厂之一。船厂的厂址位于吉林古城西门外，松花江北岸，东接头道码头，西连温德河口的江岸一带。吉林船厂的建设确立了吉林边外七镇之首的地位。各城可通过松花江、嫩江、黑龙江、牡丹江互相联络，并都可通水路直达吉林。吉林从建城至雅克萨战役，一直是驻军、造船、舰队、驿站、军粮、出师的总基地，以此确立吉林为松花江流域的政治、经济、文化中心地位。1682年康熙东巡吉林，视察吉林抗俄基地。在检阅了从吉林城至大乌拉70里江面上的水师舰队后，写下了著名的《松花江放船歌》，歌中提到"连樯接舰屯江城"是吉林"江城"称谓的由来。

吉林船厂是吉林城市的发源地，抵御了沙俄的入侵，促进了吉林城市的发展，加强了松花江流域各城市之间的联系。吉林古时被称为"船厂"，船文化是水利用文化的一种表现形式，但是吉林的船厂文化不是一般的水文化，其产生与特殊的历史时期，凝结着特殊的历史事件，具有特殊的历史含义，在吉林城市发展史上占有重要地位。因此，古船厂文化作为吉林水利用文化的源头，是吉林作为江城的文化本源。

（2）水域休闲文化

松花江流域的水域休闲文化发展是伴随着近代中东铁路修建而逐渐形成的，由于受到俄、日外来文化的影响而独具特色，有"东方莫斯科"之称的哈尔滨是这种文化的典型代表。

①外来性

松花江江滨、太阳岛作为完全意义上的休闲场所，是伴随着城市近代化，和外来文化的进入而发展起来的。随着中东铁路的建成通车，哈尔滨的俄罗斯人逐渐增多，太阳岛逐渐成为俄罗斯男女幽会、野浴的理想场所。与太阳岛相邻平民船坞的繁荣，也使得这一带成为人们休闲生活的场所，一些俄国居民在此建起了俄式别墅，一些避暑、野浴、商业服务设施也相继建成。穿着暴露的俄侨男女在江滨嬉戏，成为当时哈尔滨夏日松花江一景（图6-1）。其后，这种滨江的休闲文化被吸收下来，直至现在，夏季炎热之时，江滨地带和太阳岛成为游人避暑之地。在松花江滨和太阳岛上，体现外来文化影响的有形的东西是俄式和欧式建筑铭刻的文化符号；而无形的东西则是在外来文化影响下所形成的奇异的、清新的、体现现代文明的生活方式。

图6-1　1920年代俄国人在太阳岛浴场嬉戏
(资料来源：哈尔滨地方志编纂委员会. 哈尔滨市志·总述 [M]. 哈尔滨：黑龙江人民出版社，2000.)

②边缘性

松花江水域休闲文化的产生在于其自然环境的边缘性和过渡性特点。哈尔滨是一座滨江城市，江对面为原生态的太阳岛、江北湿地，一江之隔形成了城市景观与自然景观的对峙，而松花江、太阳岛正处于这种人工环境与自然环境的过渡地带，作为户外活动的场所，既有别于一般的人工场所，又有别于荒野的纯粹自然场所，它是被驯化的自然环境，又是保有自然造化的人工环境。它既不完全属于城市环境也不完全属于自然环境，处于二元中介的地位。这种二重性就是丹麦心理学家D·琼治所说的"边界效应"：即在人工环境与自然环境的交汇处，人们在户外活动过程中，同时得到两方面的感受：既能感受到人工设施的便利，又能感受大自然的清新；既能体察人工环境的精巧亲切，又能感到大自然的雄浑广博[85]。松花江滨、太阳岛城市边缘性，使其成为展示哈尔滨人独有的生活方式的大舞台。

③符号性

一曲《太阳岛上》用歌曲的形式把太阳岛从一个自然地理单元演变为一个休闲旅游和度假胜地，吸引着国内外游人慕名而来。其实，早在1931年，朱自清在散文中就这样写过："江中有一个太阳岛，夏天很多人，往往有带了一家人去整日在上面的。岛上最好的玩意儿自然是游泳，其次就是划船……"诗人艾青更是这样咏叹过："每当夏日来临，哈尔滨的男女老少，在江水里欢腾跳跃，获得了愉快的疲劳。然后躺在沙滩上，坦然领受上天的抚慰，把皮肤烧成紫铜色，周身都洋溢着欢畅……"。文化符号学家把一切文化，从语言到城市、聚落、景观都看成符号，认为符号建构的本质就是社会行为者对自然人文要素的符号意指过程、编码过程和神圣化过程[86]。通过散文、诗歌、音乐等形式，松花江、太阳岛的自然风光与休闲活动被符号化。一提起太阳岛就会使人联想起：江水、沙滩、柳丛、风平浪静、阳光明媚、空气清爽、异国情调的建筑和各种休闲娱乐活动。因此，松花江、太阳岛所蕴含的意义与哈尔滨城市个性和城市魅力紧紧相连。

（3）航运码头文化

松花江的水路航运史由来已久，据《魏书・勿吉传》中记载，北魏时期已有明确的水路朝贡线路。到明代时已非常发达，通航能力已达松花江流域全境，并连接了黑龙江和乌苏里江。近代以来，松花江航运获得了长足发展，有哈尔滨、佳木斯、同江和嫩江的大安等主枢纽港，其中佳木斯城市发展与航运关系最为密切，是航运码头文化的典型代表。

图6-2　佳木斯码头旧影
（资料来源：王洪盛，吴鸿诰编. 佳木斯城市发展史［M］. 哈尔滨：黑龙江人民出版社，2004.）

清代时佳木斯的驿站码头已经形成。清末民初，佳木斯以地利之便成为松花江下游水运中转站及粮食集散地。民国时期形成了一定规模的自然码头，货运和客运能力有了质的发展。1903年中东铁路建成之后，俄罗斯商船便在松花江沿岸搭载货物。1923年成立桦川松航公司，是佳木斯近代航运的源头。日伪时期，松花江下游、黑龙江和乌苏里江水运进出口货物大多从佳木斯港转运，货物中转量超过哈尔滨成为松花江第一大港（图6-2）。新中国成立后开始发展现代交通，内燃机动力轮船逐步取代了老式船只。此时虽然存在与陆路交通的竞争，但航运总体呈上升趋势，并具备了国际港的水准和大范围的境外通航能力。松花江航运在佳木斯城市的发展历程中占有重要的地位，形成了滨江独特的码头文化景观，这在北方内陆寒地城市中是不多见的。

6.1.2　冰雪文化特色资源

（1）冰雪文化历史来源

松花江流域距海较远，冬季由于地理纬度高，太阳的光照强度小、时间短，气候寒冷且时间漫长。严酷的气候条件给生活在这里的民族带来许多灾难，但同时也让生活在这里的人们更加深入地认识和了解了冰雪。流域内各民族常年利用结冰的河道作为交通通道，利用爬犁等交通工具，在外从事狩猎、渔猎、伐木、采集活动。在户外常用坚冰和雪块来堆砌房舍。同时，严寒的气候条件也使人们对自然产生敬畏之情，认为每年的雨雪、冰河、冰溪、冰谷、冰洞是一种神奇的现象，于是北方的萨满祭祀中就有"雪祭"和"冰祭"这一内容，而这种祭祀常常是江边或雪野上进行，人们把雪或冰堆砌起来，中间点燃上"年息香"或安上谷糠灯油[87]。1898年，中东铁路修筑后，外国侨民开始进入松花江流域，将俄罗斯为主的欧洲滑雪、滑冰、冰橇、冰帆等冰雪运动传入哈尔滨等城市，欧洲的冰雪建筑文化、冰雪服饰文化等也融入松花江流域传统冰雪文化之中。所以，最初冰雪的意义在于其实用功能，而后演化为巫术礼仪等意识形态活动的产物，最后完成了冰雪本身意义上的从实用功能到娱乐功能的转变。

（2）松花江与冰雪文化

松花江与冰雪文化景观的直接关系体现在以下三个方面：

其一，松花江水源充沛、流域面积广阔，11月下旬普遍结冰，冰期长达5个月左右，冰厚数米，为冰灯等冰雪景观提供了物质来源。

其二，松花江为冰雪活动提供空间，结冰的江面可以进行多项冰上运动如滑冰、冰帆、爬犁、冰上赛车等多项休闲运动，沿江开放空间也为冰灯、雪雕等冰雪景观提供了展示场所。

其三，松花江直接参与冰雪景观的塑造，典型实例是吉林沿江雾凇景观，由于上游丰满水电站的冬季发电，造成吉林市区段的松花江冬季不冻，江水腾起来的雾气，遇到寒冷的空气在树上凝结为霜花，称之为雾凇。雾凇是雾气和水汽冻结而成的，是凝聚在地面物体迎风面上呈针状和粒状的乳白色疏松的微小冰粒或冰晶。在这个过程中，松花江水完成了从液态到气态到固态的物理变化，直接参与塑造独特的冰雪景观。

（3）冰雪文化与城市特色

①塑造冬季城市景观

松花江流域城市冬季树木凋零，除了少数常绿植物外，绿化景观较少。由于冬季日照时间短、太阳高度角较小，使建筑阴影区较大。另外，由于建筑采暖期长，以煤炭为主的取暖方式使得空气污染严重。各种因素使得城市冬季城市景观灰暗。自然冰雪景观与人工雕饰的冰雪景观无疑是冬季里城市的一抹亮色，特别是夜晚在银装素裹的城市中，点缀色彩斑斓的冰灯、雪雕景观，使城市的季节特色展露无遗。

②丰富冬季市民生活

松花江流域冬季气候寒冷；冰雪路面较多，车行交通堵塞，步行交通艰难；冬季多数时候刮北风，寒风凛冽，让人难以忍受。户外活动取决于户外活动质量，当户外条件比较恶劣时，户外活动会减少。寒冷的气候条件使得人们不愿进行户外活动，养成了"猫冬"的习惯，城市居民的冬季文化生活相对单调。而冰雪文化景观、冰雪文化活动增加了人们进行户外活动的意愿，丰富了市民生活。白天，到松花江上可以乘上冰帆，饱览松花江两岸风光；也可坐上雪橇，在广阔江面上驰骋。夜晚，可以去观赏造型别致、巧夺天工的冰灯冰雕，体验童话世界。

③提升城市品牌效应

在"眼球经济"作用意义凸显的今天，城市形象资源的开发，对提高城市品牌效应具有重要意义。哈尔滨是国内最早开展冰雪旅游的城市。自1963年始办的哈尔滨冰灯艺术博览会是目前世界上形成时间最早、规模最大的大型室外露天冰灯艺术展。1985年开始的哈尔滨国际冰雪节是更深层次的冰雪资源开发，结合冰雪节举办的各种交易会，展示了城市风貌，达到了以冰雪旅游带动城市发展的目的。

6.1.3　历史文化特色资源

在松花江流域文化圈内，城市文化是流域文化的集中反映。吉林、哈尔滨、佳木斯是松花江文化的重要繁衍地域，其他地域聚居发展、文化演进与松花江文化带构成了系统的部分与整体的关系，它们既具有系统的整体特征，又具有部分的个性属性。从空间上看，吉林、哈尔滨、佳木斯分别位于松花江流域上、中、下游，从时间上看，吉林兴起于清朝时期，哈尔滨兴起于近代时期，佳木斯主要发端于现代。松花江流域文化发展不仅有时间上的变革，

也有空间上的位移，形成了典型城市地域历史文化特色的差异：吉林城市历史文化特色主要表现为流域古代土著文化与中原文化的交融，哈尔滨城市历史文化特色主要受到近代外来文化影响，佳木斯城市历史文化特色是新中国成立后特定发展时期文化的集中体现。将典型城市历史文化特色置于松花江流域文化圈发展的时空结构坐标系下，可以更加清晰地认识到典型城市历史文化特色的差异，及其与松花江流域环境的内在联系（图6-3）。

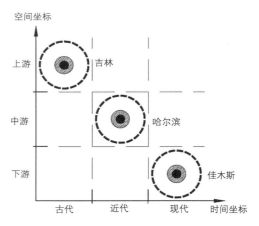

图6-3　流域文化坐标中的典型城市文化
（资料来源：作者自绘）

（1）吉林——地方民族特色与风水文化

①地域特质与历史遗址文化

1994年吉林市被列入第三批国际历史文化名城，属于"地方及民族特色型"历史文化名城。

从历史上看，吉林地域一直是松花江流域古代文化的核心之一。吉林市的原始聚落包括了旧石器、新石器、青铜器三个时期数万年的历史发展，典型代表是位于吉林市区西部的西团山遗址文化。从两晋南北朝时期起，吉林市区范围形成了南城子古城、东团山城、龙潭山

城等众多古城遗址文化。明代，阿什哈达屯附近有摩崖石刻遗址，记载了松花江畔设立造船厂的人物和时间。清代，遗留下来的历史建筑遗迹包括：北山寺庙群、龙潭山寺庙群、文庙、清真寺等。近代以来的建筑遗存有天主教堂和圣母洞以及传统民居王百川大院、王友三宅院等。

从空间上看，吉林市域范围内历史遗迹众多，形成了沿江分布的格局（图6-4）。吉林古代文化的发达与吉林的山水环境机制密切相关。吉林居于松花江上游中心，市区周围环山，中为河谷平原，低丘盆地，气候较温暖湿润适于松花江流域各民族在此生活繁衍。松花江滋润下区域丰富的自然资源使得以渔猎生活方式为主的松花江流域各民族

图6-4　吉林市沿江历史文化资源分布
（资料来源：吉林市规划局）

有了生产资料的来源。临江靠山的险峻地形，为面临争斗的少数民族提供了造船、通航，设置防卫的有利条件。从清代联系松花江流域与中原地区的驿道看，三条驿道都是经过吉林至奉天府（沈阳）最后至北京的，交通优势也使其成为清代时松花江流域的文化中心。吉林坐长白而御松黑，正是这一地理条件使得吉林盆地成为历代以来在此建城设治，以营白山黑水的战略要冲，成为松花江流域古代文化的重要节点。

②古城选址与风水文化

"吉林"是满族语"吉林乌拉"的简写。"吉林"是满族语中靠近的意思，"乌拉"是满族语中江河的意思[2]。"吉林乌拉"原意就是指靠近松花江的意思，体现了吉林古城依水而来的建城思想。吉林古城的选址受到中原传统风水理论的影响。负阴抱阳，背山面水，这是风水观念中城镇基址选择的基本原则和基本格局。从吉林古城城址看古城东有龙潭山，西有小白山，南有朱雀山，北有玄天岭，南面向松花江开敞，形成"左为青龙，右为白虎，前为朱雀，后为玄武"之势（图6-5）。风水的基本模式实际上是一种理想的环境模式，这种模式除人文的要素（如隐喻、象征和防御等）影响之外，主要强调环境内部各种综合要素（如地质、地貌、土壤、植被、气候、水文等）的相互协调[88]。可见，风水理论的核心精华是人与自然融合，即"天地人合一"的原则。因此，在吉林城市建设中延续和发展风水文化，其内涵在于关注人与自然环境间共生和再生的关系，排斥人类行为对自然环境的破坏，保护

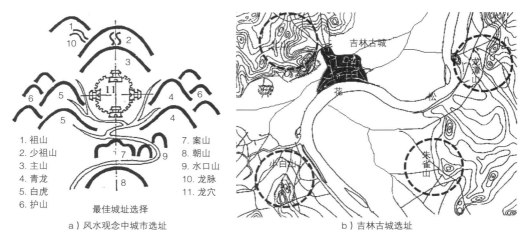

1. 祖山　　7. 案山
2. 少祖山　8. 朝山
3. 主山　　9. 水口山
4. 青龙　　10. 龙脉
5. 白虎　　11. 龙穴
6. 护山

最佳城址选择

a) 风水观念中城市选址

b) 吉林古城选址

图6-5　吉林古城选址的风水观念
（a图资料来源：王其亨. 风水理论研究［M］. 天津：天津大学出版社，1992.）

吉林所在的山水形势和历史风貌。

（2）哈尔滨——近代建筑特色与多元文化

①近代城市建筑文化景观

哈尔滨是近代建筑的博物馆，新艺术建筑、哥特复兴建筑、巴洛克复兴建筑、文艺复兴建筑、新古典主义建筑、中西合璧的折中主义建筑等许多近代建筑类型在哈尔滨共存。其中，哈尔滨的新艺术运动建筑尤其价值重大。哈尔滨以新艺术运动建筑类型多、规模大、延续时间长奠定了在世界建筑史上的重要地位。近代时期，哈尔滨形成了以俄罗斯风格为主体的欧洲城市风貌。欧式公共建筑大部分都有穹顶，尤其是教堂建筑，大部分都是俄罗斯、拜占庭风格的建筑，屋顶都有高耸的穹顶、洋葱头顶或帐篷顶，形成穹顶林立的城市标志景观（图6-6）。

图6-6　哈尔滨旧影
（资料来源：哈尔滨市城市规划局，哈尔滨市城市规划学会. 哈尔滨印象［M］. 北京：中国建筑工业出版社，2006.）

②丰富多元文化内涵

哈尔滨1907年开埠后，由于中东铁路和松花江航运的联系，使哈尔滨成为东北地区重要的物资集散地、国际贸易中心。俄罗斯人、犹太人、日本人等外国侨民在此居住，形成了多元的城市文化。根据满铁哈尔滨事务所调查，1933年3月1日哈尔滨总人口378481人。中国人303610人，外国人74871人，其中苏联27617人、日本5051人、朝鲜5250人、波兰1090人、无国籍34497人、其他1366人[27]。哈尔滨已然是一个国际性都市。由于原有的地域文化基础较薄弱，外来多元文化很容易在此得到生长繁衍，很少有本土城市文化的竞争。哈尔滨工业大学刘松茯教授总结哈尔滨的建筑文化内涵具有新潮意识、开放意识、多样意识、崇实意识、善变意识等几个方面[24]。

哈尔滨多元开放的文化特质与所处地缘环境密不可分。哈尔滨位于松花江流域中游，是丁字形中东铁路两条直线的交点和中东铁路局所在地，依托松花江航运与中东铁路的交通区位优势，依托松嫩平原丰富的物产资源，哈尔滨逐渐成为重要的商品交流中心和主要货源基地。哈尔滨便捷的港埠交通不仅方便了城市的日常运转，同时也加速了多元文化的碰撞融合，形成"兼收并蓄"的多元化结构。

（3）佳木斯——基于自然山水的"北大荒"文化

吉林、哈尔滨都是国家历史文化名城，与之相比，佳木斯城市历史文化特色并不突出。但是，回顾佳木斯城市发展历程，可以发现在城市发展过程中蕴含着特殊的文化资源——"北大荒"文化。

首先，"北大荒"文化表现为一种自然文化。松嫩平原北部和整个三江平原，直到新中国成立前这里还是一片人迹稀少的荒原，"棒打狍子瓢舀鱼，野鸡飞到饭锅里"，是当时自然环境的生动写照，被人们称为"北大荒"。

其次，"北大荒"文化是特定时期的历史文化。在20世纪40年代末期至70年中期，我国有组织的对"北大荒"地区进行了大规模的开发。建造了大量的国有农场，为北大荒地区成为我国最重要的粮食产地奠定了坚实的基础。十万垦荒的转业官兵和百万上山下乡的知青，这两股推动力促成了这种"北大荒"文化的形成。十万官兵集体转业、军队体制的编制方式与管理作风，加之全国范围内的学军风气，共同塑造了北大荒文化中的军队文化特色和英雄主义色彩。百万知青的上山下乡，则使北大荒文化具有了明显的青年文化色彩。对集体农庄的向往和农场建设的实践，为北大荒文化注入了浓厚的理想主义色彩。"北大荒"文化是一种特殊的文化，是在我国特殊政策和特定地区环境下迅速产生、发展起来的文化，与其说是一种文化，其实它更代表了垦荒者们精神和理想的象征，并成为当时东北地区社会发展的一股巨大的精神动力。"北大荒"文化产生于特定历史时期，是城市发展历程中不可磨灭的印记，从文化内涵上看具有独特性，属于特色鲜明的城市历史文化资源。佳木斯作为当年百万知青建设"北大荒"的集散地和"北大荒"的核心区域，在北大荒的开发建设史中具有重要地位。

6.1.4　文化资源开发策略

城市文化是在特定的历史时期、特定的地理位置、由特定的人群创造出来的，这三个"特定的"要素决定了文化资源的不可复制性。城市历史文化是城市可持续发展的基础，历史文化遗产是城市再生的宝贵资源，基于城市历史文化保护和开发活动是未来城市社会经济生活的重要方面。格雷厄姆·布赖恩（Graham Brian）甚至认为城市历史文化遗产是发展知识经济的重要成分。在城市竞争日趋激烈的背景下，凸显城市历史文化要素，张扬城市个性，已成为确立城市竞争优势的特殊手段。因此要辩证地处理城市历史文化保护与开发的关系，在城市结构调整的大格局中确定城市历史文化的重要地位，探索市场经济条件下新的运行机制，全面地发挥城市历史文化的社会经济效益。面对松花江流域典型城市特色不鲜明的情况，须对城市的文化资源进行深度发掘与多层面整合，以实现对城市特色有针对性的提炼。

（1）文化资源向文化景观转化

城市很多特色文化作为抽象的文化资源，仅仅被视为一种"文化存在"，很多人可以如数家珍叙述和罗列这些文化，但是在城市环境和城市生活当中却不易体验得到。如曾经是"北大荒"文化核心区域的佳木斯，看不到一处与北大荒有关的雕塑，使人们很难体验到这种文化，最后这种特色历史文化就会随着时间的推移而逐渐消亡。城市文化资源的开发就是要将城市文化资源与城市景观进行整合，并构建一个符合大众社会的传播模式。詹姆斯·邓肯（James Duncan）把文化景观列为人类储蓄知识和传播知识的三大文本之一，文化景观是书写在大地上的文本。只有将城市特色文化资源融入城市日常生活场景中，文化才有生命力，才能转化为城市特色。

①转化为城市环境景观

文化的一个重要属性是它的象征性，通过外显的象征表达来说明某种内在意义。因此，非物质形态文化遗产中所包含丰富的历史文化内容一般是通过"显性"的形式予以展现和传承的，并与有形物相互依存和烘托以使城市文化集中体现，如哈尔滨城市中的近代建筑就是哈尔滨近代外来文化影响的表现。但是，有些文化资源并不直接塑造城市景观，但又具有独特性，如吉林的古船厂文化的物质形态已经消失，佳木斯的"北大荒"文化也没有具体形象为依托。对于这些抽象的文化资源来说，需要将其转化为文化景观。

文化景观是一种文化想象、一种以图像再现、结构或象征环境的方式。将与历史环境有关的历史事件、历史人物、传统生活场景采用雕塑、绘画等艺术形式象征性地表现出来，可以生动形象地再现历史。城市雕塑是展示城市文化的一个重要方式，它本身即具有艺术与文化价值，主观性明确，可以抽象或具象等不同方式反映城市文化。如吉林

图6-7　吉林世纪之舟
（资料来源：天作建筑）

世纪广场中心标志建筑被命名为"世纪之舟"，中间的雕塑就是一个抽象化的船，展现了吉林市的古船厂文化（图6-7）。

所有的文化现象，包括有形文化、精神文化、行为文化、语言文化等，都可以通过不同的物质载体加以表达，例如通过文字记载可以了解历史和各种文化现象，通过宗教礼仪器物可以了解不同的宗教文化。因此，通过收集、研究、整理有关历史文化的物质载体（包括历史文物、历史研究文献等），建设相关文化的纪念馆、博物馆，重现与历史文化有关的场景等，也是非物质形态文化遗产保护的重要方式。

②转化为文化活动景观

城市社会的群体行为表现，是城市文化的一种属性表现。由于群体文化活动人员多，构成复杂，因此，群体活动具有明显的传播特征，有助于展示城市的文化特色[91]。国内外很多城市通过特色文化活动展示了城市风貌，并成为城市的文化行为符号，如慕尼黑啤酒节、巴西狂欢节、大连服装节、潍坊风筝节、哈尔滨冰雪节等。同时，节庆活动在传承历史文化、体现城市特色方面能发挥重要作用。丰富多彩的节庆活动构成了一种寓意深刻的独特的文化表达方式。从节庆活动中透视出的是城市文化传统，折射城市社会历史和文化变迁的轨迹。就佳木斯的"北大荒"文化资源的开发来看，可以考虑在每年的七八月举办"北大荒文化节"，开展大型演出、纪念活动、展示活动等，将其作为城市品牌来开发。松花江流域丰富的民俗活动，也可以开发为具有特色的城市文化活动。如在松花江上放河灯的民俗，近年来已被列入吉林市传统的庆典节目，严冬腊月的"雾凇节"燃放河灯已成为吉林市的一大独特景观。

（2）特色文化与自然景观融合

山川河流孕育着城市的生命，酝酿着城市的灵气，蕴藏着城市历史。自古以来，人类文明就与山水共存。在城市长期发展过程中，自然要素与历史文化要素相互融合形成了城市文脉。城市自然山水环境与城市历史文化息息相关，比如杭州西湖，如果不是历史上那么多的

美丽诗篇、名人典故和动人传说，在自然美景的基础上塑造出一个文化的西湖，那么杭州城"人间天堂"的形象也会减色不少。

松花江流域典型城市滨江地区是城市发展的起点，历史文化底蕴深厚，是人流、物流、信息流相互交换的场所，不仅具有交通运输等经济生产功能，更是国内外、地区之间文化的交汇地。在外来文化与本地固有文化的碰撞、交融过程中，逐渐拥有了丰富的文化内涵和文化资源。因此，松花江水系廊道沿线蕴藏的珍贵历史人文资源，应成为构筑城市历史文化氛围的桥梁和展示城市文脉的风景线。而且，滨江区也是最能展示城市自然风貌特色的区域，结合城市特色文化景观，可以从多个层面展示城市特色风貌。如一年一度的"哈尔滨之夏"音乐会一般都是在美丽的松花江畔举行，夏季凉风习习，水波荡漾，伴随美妙的音乐给人留下深刻的印象。吉林的雾凇冰雪节开幕当天，依托松花江不冻江面和两侧雾凇景观开展赛龙舟活动，将传统文化活动与特色自然景观结合起来，形成一幅动人画面，提升了城市文化品位和知名度。可见，佳木斯的北大荒文化特色资源的开发也应依托区域原野气氛，以松花江畔自然风光为依托，开展各种纪念、展示活动。

（3）水域文化资源传承与创新

①提高对水域历史文化设施保护的意识

松花江流域典型城市滨水地区通常拥有许多历史性的要素，如城市中最原始的一段围墙，第一条马路，第一段铁轨，第一个车间，第一个烟囱等等，这些都构成人们认识历史的强有力的媒介。现在，在滨江区的开发和更新过程中，由于产业结构调整和用地置换，一部分码头、工厂、仓库面临着拆除和废弃。面对这种状况，要认识到并不仅仅是那些有着几百上千年的文物是需要保护的，一些只有几十年的旧厂房、码头、仓库建筑也是代表了滨江区的历史真实，而且有着很强的地域归属感，充分体现了滨河旧区有别于其他城市历史文化区的特色，对它们的保护也是同样重要的。虽然许多这样的构筑物已不再使用，但它们应该被认为是未来城市中有意义的一部，通过改造，赋予其新的功能，塑造滨江空间的历史场所感。国内外发达城市滨水区更新中有很多成功的实例。如纽约南街巷滨水区开发中，将"历史保护与复兴'，作为开发的主题，对遗留下来的码头、旧建筑、桥梁、灯塔等加以修缮，或进行审慎地改造，创造了一种具有历史感的场所[92]。佳木斯现在正对原属于港务局、粮库所属滨江岸线的改造，在这个过程中，应当珍视原有的码头和工业设施，结合滨江公共空间和住宅区的建设，有计划保留、改造有价值的建筑物和构筑物，并赋予其新的功能，延续区域的原有场所氛围。

②创造新时代水域文化

历史造就城市水文化，水文化哺育未来城市水景观。要不断创新城市水文化理念，改进城市的水环境，完善城市水域空间功能，科学规划和建设城市水景观；加快城市水文化的信息化建设。例如，在韩国首尔的清溪川上，以清溪川复原纪念庆典为开端，清溪川川边文化时代将正式拉开帷幕。清溪川文化可归纳为历史文化、文化艺术、川边商人们的生活文化三种。配合清溪川复原工程建设的"清溪川文化馆"内，展出反映河川旧貌的照片、地图以及复原过程、未来面貌等，还经常举办各种形式的演出和展览[92]。这为松花江流域城市水域文化创新发展提供了范例。城市水域空间的文化要在创造新文化的同时保护有价值的历史文化，做到文化保护、复兴与创新的协调统一，应该是以历史文化、当代文化艺术、水体周边人们的生产、生活文化为主体的多种文化的融合，让人们能体验到水域空间的历史、现在和未来，使水域空间的文化生活丰富多彩。

6.2 修补江城结构肌理

松花江流域典型城市的形成过程中受到流域文化、松花江水系自然环境的影响形成了特殊的城市空间形态，是城市特色的重要组成部分，保护、延续、发展城市空间格局和历史风貌，是城市空间形态特色建设的重点。具体分析，城市形态特色又体现在点——历史核心、线——历史风貌轴、面——旧城肌理三个方面。针对这些形态要素所面临的保护与更新、保护与开发、文化效益与经济效益等众多矛盾，我们提出城市形态特色建设的"修补"观念。

"修补"观念的确立是将城市空间形态的发展演变看作一个持续不断的过程，把握城市改造的非终极性，以一种小规模渐进式的方式寻求城市保护与发展之间的平衡[94]。其重点在于寻找在某一城市特定的地理环境和文化模式下，各时期、各种元素之间已经形成的联系，坚持整体性原则、保护性原则、适应性原则、渐进性原则。

整体性原则：从整体环境上把握城市特点和发展脉络。城市形态的复杂性要求我们在认知城市的过程中，必需从整体上去把握城市形态，然后才能有的放矢地去分析细小的个体。

保护性原则：城市物质形态中包含丰富的历史文化遗产与历史信息均是不可再生资源，因此对其改造应以保护为前提。

适应性原则：随着城市发展、社会进步，城市可能会出现物质性老化、功能失调、结构失衡等问题，改造与更新的目标就是要使其适应时代的发展和生活的需要，激发城市活力。

渐进性原则：充分认识城市形成的历史过程，以小规模改造的方式实现城市的自然生长，使城市具有"人的尺度"。

6.2.1　轴向结构的修复与延续

松花江流域典型城市发展过程中的一个重要特点就是城市空间的轴向扩展，纵、横两条城市主轴在城市历史演变过程中发挥了重要作用，轴线空间两侧聚集了众多历史建筑，可以说城市轴线空间体现了城市发展的历史脉络，是展示城市风貌特色的重要场所。因此，保护和拓展城市的轴向结构，是建设典型城市空间形态特色的重要内容。

（1）恢复传统轴线风貌

哈尔滨红军街——中山路和大直街是哈尔滨历史上最早形成的两条主要街道，是哈尔滨城市发展最初形成的轴线，是历史格局的基本骨架。街道沿线曾经是中东铁路办公和职工居住最集中的地区。两条街道宽阔舒展，两侧分布着许多哈尔滨最精美的欧式建筑。始建于1900年的中央大街南起经纬街，北至松花江畔的防洪纪念塔，是道里区最早的街道之一，是道里地区城市的传统轴线，也是最繁华的商业中心区之一，各式各样的商号、店铺和各种风格的建筑在这里和谐共存，形成了名副其实的建筑博览馆。

与哈尔滨中央大街类似，吉林的河南街、佳木斯的西林路都是城市初创时期的交通干道，随着城市发展其交通功能已经弱化，城市轴线的地位也逐渐被新的城市干道所取代。虽然，这两条街道的历史建筑大都被损毁，但是依然作为城市中重要的商业中心存在，吉林的河南街已经建设为商业步行街。

在这些"废弃"的城市传统轴线中，哈尔滨中央大街虽然也存在部分高层建筑破坏原有街道尺度等问题，但整体上还是保护较好，历史文化特色鲜明，成为全国知名的步行街。相比之下，吉林河南街、佳木斯西林路仅保持了原有街道的走势，空间缺少变化，两侧建筑缺乏秩序感，历史文化内涵不够鲜明，缺少可意向性的环境景观，成为普通商业街。回顾历史，可以发现这些传统轴线在城市发展历程中起到过重要作用，也是当时城市风貌的重要展示空间，具有历史文化价值（图6-8、图6-9）。美国国家公园管理局将介入文化景观的保护与修复的手段分为4种类型：保存、修复、恢复、重建[95]。原汁原味地恢复有历史价值的文化景观，也是历史文化保护的一项重要措施。因此，针对吉林市和佳木斯市城市内有特色旧建筑较少的情况，可以在城市重要历史街区，在保护现存历史建筑的基础上，有选择、有步骤恢复原有街区空间尺度、建筑形象和老字号商铺。这种恢复应该是建立在对历史风貌和现有环境详细的调研基础上，坚持"修补"观念，以恢复传统文化氛围为主，以恢复建筑形象为辅，采取小规模渐进式的方式量力而行。避免整条街大规模改造所引起的建设性破坏和大量粗制滥造"假古董"的出现。

图6-8 1920年代吉林河南街旧影
（资料来源：翟立伟编. 吉林旧影［M］. 长春：吉林市人民出版社，2006.）

图6-9 1920年代佳木斯西林路旧影
（资料来源：王洪盛，吴鸿诰编. 佳木斯城市发展史［M］. 哈尔滨：黑龙江人民出版社，2004.）

（2）提升主轴空间环境

①改善线形空间环境

就典型城市现状主轴空间看，由于作为城市的主要交通干道，交通压力较大，造成了很多空间环境问题，如街道绿色空间日益减少，缺乏开敞空间；城市节点被道路交通用地挤占，节点之间缺乏有机联系；大量车流造成了环境污染，破坏了历史街区的整体风貌；轴线两侧建筑物缺乏秩序感，弱化了轴线形象。这些问题严重影响了城市轴线空间形象，不利于城市整体风貌的形成。针对这些问题，首先应优化轴线空间环境。作为节点间的线性序列空间，应在轴线道路两侧设置线性绿化带，创造具有一定意义的城市空间，强化其主轴线的引导性；其次，轴线两侧建筑物应形成有机序列，以和谐协调和对比协调为原则，对轴线两侧建筑景观进行调控；再次，严格控制建筑物与街道的比例关系及建筑后退线，严格控制轴线两侧的用地布局、建设容量，同时对现有用地不合理功能进行调整；最后，设置独特的街道家具突出轴线形象，街道家具的设计应反映城市历史文化特色。

②缓解轴向干道交通压力

超负荷的交通流量是导致城市主轴干道交通拥堵，环境景观差的主要原应，加之汽车尾气污染，使得人们不愿停留。因此，从城市交通的系统性角度，研究缓解城市轴线空间交通压力的措施是提升轴线空间环境的保证。分析典型城市主轴结构我们可以发现纵、横两轴在城市发展中的作用是不同的，沿江横轴作为引导城市沿江发展的主要结构依据；面江纵轴主要作为加强松花江与城市联系的纽带。因此，在典型城市跨江发展的过程中，无论是沿江横轴，还是面江纵轴未来发展将会承受较大的交通压力。可采取的措施包括：首先，利用地铁、轻轨等轨道快速交通和建立平行于城市横轴的快速干道分担主干道的交通压力，这对吉林、佳木斯这种带型城市尤其重要；其次，随着滨江沿线的开发，城市空间与滨江地区联系日益加强，在保证城市现有主轴活力的情况下，应开辟多条城市与滨江地区的纵向道路，分担城市纵轴的交通压力，增强滨江地区与城市的联系；最后，建立城市整体交通体系，减少过境交通对城市中心区的干扰。

③建立节点之间的景观联系

城市轴线与城市的其他线型要素相交，特别是与松花江相交往往形成城市最具代表性的景观空间，甚至成为整个城市的标志性核心，如吉林南北主轴吉林大街与松花江交汇处的吉林世纪广场；哈尔滨中央大街延伸至松花江边形成的防洪纪念塔广场；佳木斯纵轴中山街北部尽头江滨的建国十周年纪念广场。城市轴线景观的一个重要特点就是线形景观廊道串联众多的景观节点，形成了轴线空间的节奏变化和城市景观的视觉显著点。因此保证视觉走廊的通畅、建立节点之间的空间景观联系，是强化轴线空间形象的重要措施。在吉林世纪广场的设计中，设计者以打破城市纵轴——吉林大街平直感为出发点，将广场与街道融为一体，并通过建立广场中心标志物世纪之舟与江对岸天主教堂的对景关系，确立了两者间的空间联系，从而强化了城市轴线的节奏变化和连续性[96]（图6-10）。

a）现场照片

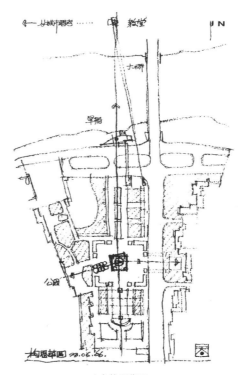

b）构思草图

图6-10 世纪之舟与教堂的景观联系
（资料来源：天作建筑）

（3）延续轴向空间结构

在英文中关于"axis"的解释，其中一条便是以城市轴线为例证说明轴线是方向性、运动和伸展的主线。城市轴线作为一种线形基准，具有生长性、开放性和连续性的特点[97]，城市轴在生长中引导了城市空间的扩展。城市轴向空间是依托于城市自然环境基准而建立的，因此城市空间轴向扩展既是尊重区域环境也是延续原有城市格局，是城市生态格局和谐发展的重要保证。同时，在新区建设中积极利用城市主轴的引导作用，利用城市轴线的生长性、连续性，也有利于建立城市新区与老城区的空间景观联系，引导城市新区的开发。

　　吉林城市一水三区的布局形态通过城市轴向结构串联起来。吉林大街是联系各组团的交通干道和景观廊道，由于吉林大街在南部松花江边戛然而止，没有跨江桥梁与江对岸联系，一定程度上制约了轴线功能的发挥。在吉林小白山区域规划设计中，为加强新区与老城区之间的联系，我们对上一轮城市总体规划进行修改，在吉林大街南部尽端设置跨江桥梁，建立两岸交通联系。但是，由于吉林大街与此处的松花江河道并不垂直，导致跨江桥梁与吉林大街形成一定角度。在保证轴线交通功能延伸的基础上，我们重点研究如何建立延伸轴线的视觉通廊。具体方法是在保持桥梁走势的前提下，设置另设一条景观步行道来延续城市景观轴线，并在江边设置标志性空间景观节点（图6-11）。通过这种交通轴与景观轴分离的方式，达到既保证城市建设的经济性、合理性，同时也强化了城市主轴空间的景观联系，建立了新老城区的内在联系，引导新城发展的目的。

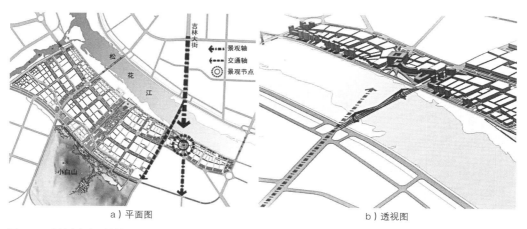

　　　　　　　a）平面图　　　　　　　　　　　　　　　　　　　　b）透视图

图6-11　吉林小白山区域结构对城市轴线的呼应
（资料来源：天作建筑）

6.2.2　特色肌理的强化与拓展

（1）强化旧城肌理特色

　　分析典型城市肌理，可以发现由于原有城市文化基础薄弱，加之近现代以来的迅猛发展，老城区的旧建筑很少能保存下来，唯有街道格局和城市肌理依稀可辨，成为展示城市历史风貌的重要方面。一方面，城市作为人们"集体记忆"的所在地，这些旧城肌理承载了城市过去，作为一种历史遗存应当被保留下来。另一方面，旧城产生于当时的社会发展状态下，城市街道以步行和畜力交通为主，城市发展以一种自组织的形式发展，所形成的城市肌理与近现代以来规整、大尺度城市肌理有很大的不同，体现为随机、自由、街道狭窄、街区不规则的特点。旧城区的结构肌理往往是经过长期历史积淀并在充分适应当地的气候、地形等自然条件的基础上逐渐形成的有机形式，其中包涵偶然的、随机产生的多样性等最能打动人的东西，是旧城肌理的魅力所在。

①吉林旧城肌理特色

吉林城市空间形态依托于得天独厚的自然地理条件形成了一江环流、四山拱卫的城市格局。三曲五折的松花江形态对城市肌理产生较强的影响。其一，吉林古城的城墙、建筑虽然已经不见踪影。但是古城的主要路网如北大街、河南街等被保存了下来。这些古街既顺应松花江河道走势，又保持了自由蜿蜒的态势，具有鲜明特色和历史价值。其二，跨江桥梁也是影响城市肌理的一个重要因素。老城区吉林大桥和临江门大桥附近的放射状城市肌理体现了这种影响。其三，整体上看，松花江蜿蜒的走势基本上决定着城市结构肌理布局，形成不同区域城市肌理的鲜明特点（图6-12）。

②哈尔滨旧城肌理特色

哈尔滨道里、道外两区在松花江河漫滩上带状发展，城市肌理受到松花江走势的影

特色城市肌理
普通城市肌理

图6-12　吉林城市肌理特色分析
（资料来源：笔者自绘）

响形成了特殊的城市肌理（图6-13）。道里区经纬街与以中央大街为基准的路网形成一定角度就是为呼应松花江河道走势。同时，道里区滨江区与道外滨江区的街区形态有很大的区别：道里街区形态为东西长、南北短，垂直于松花江的纵向道路较少；道外区的街区形式为东西短、南北长。同为滨江区域，道里区城市肌理以中央大街为轴而形成，道外区城市肌理以松花江为组织基准，形成了不同形态特点，各具特色。

③佳木斯旧城肌理特色

佳木斯老城由于距松花江还有一定的距离，虽然城市肌理受到松花江码头的影响，但城市扩展是一种自发形式，因此城市路网体现为不规则形态。日伪时期的城市规划奠定了城市路网的基本骨架，中心区路网延续老城街道走势，以火车站为中心，形成了放射加格网式布局结构；两翼路网以松花江河道为基准，形成了沿松花江凹岸处三个方向路网拼贴

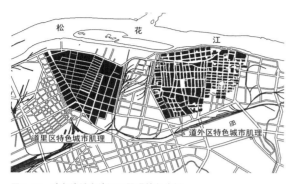

图6-13 哈尔滨城市滨江区肌理特色分析
（资料来源：笔者自绘）

图6-14 佳木斯城市肌理特色分析
（资料来源：作者自绘）

的格局。从佳木斯城市肌理的形成过程中可以看出：城市肌理与松花江形态是一个不断融合、协调的过程，其特色主要有三个方面：一是老城区自由的肌理结构，作为一种遗存记载着城市历史；二是日伪时期形成的以火车站和站前广场为核心，面向松花江敞开的放射加方格网式的路网格局；三是围绕松花江的弯曲形态而形成的三个方向的路网的叠合（图6-14）。

旧城城市肌理对城市建筑的更新有着极大的控制力，在城市历史文化资源中占有重要地位。一方面，保留城市肌理个性化的价值形态，是激发城市建筑创作活力的源泉，它是建筑在城市空间深层结构上的形态依据，给建筑设计提供了场所空间内在逻辑的暗示。另一方面，城市肌理已经从作为建筑的宏观表现形式而转化为一个地点的历史，在时间和空间上形成了对历史事物的共同记忆，并成为城市文明中不可或缺的部分，因此需要后人珍惜城市肌理，善待历史积淀下来的城市文脉。

（2）建设新区肌理特色

与旧城区相比，按照现代规划思想建立的新城肌理往往呈现出较强的逻辑性与秩序感，尤其依据经济规律建成的格网状城市结构，千篇一律，毫无特色。我们总是感觉新城不如老城亲切、有魅力的原因，就在于新城的规划可以不到一年就完成路网，可以几年就建成，但没有足够时间锤炼城市，就不会承载丰富的信息，这也是城市快速扩张所需付出的代价。因此，在新城区的路网结构规划中更应重视现有环境条件。

①沿江构筑城市肌理

在城市的形成过程中，滨河区往往是港口、码头等工业设施用地，与城市交通联系紧密，导致出现滨江区路网沿河流走向分布。顺应河流、丰富多变的沿江城市结构肌理也成为凸显城市形态特色的所在。典型城市滨江新区的开发有两种情况：一种是沿江向上游或下游的扩展，另一种是跨江而形成的城区。作为沿江发展的新城区既要协调城市肌理结构与江的关系，同时也要协调好与原有城市肌理的关系。而对于跨江发展的新城区，首先要协调好城市肌理与跨江设施的关系。出于资金、技术等考虑，跨江设施一般都与江成直角布置，因此近江处的路网应顺应江的形态而转向。其次，江宽在一定范围之内时，应尽量将两岸的纵向道路的进行视觉上的对接，加强两岸的视觉联系。

②设置小尺度街区

哈尔滨传统街区是百米左右见方的小格网形式，形成了很多有特色的街道空间，也是城市空间形态的重要特色之一，但是现在正在被以居住小区为单元的大尺度格网所取代。芒福德在1961出版的《城市发展史》中强调：城市规划应以人为中心，注意人的基本需求、社会需求和精神需求，城市建设和改造应当符合"人的尺度"，而城市最好的经济模式是关心人、陶冶人。他反对那种"巨大"和"宏伟"的巴洛克式的城市改造计划。今天很多地方已在尝试向小格网回归。很多人认为传统的小格网道路是当时的交通方式以及社会经济发展条件所决定的，而大格网也是适应现代社会的结果，其实不然，小尺度路网的适应性和灵活性可以适合城市或快或慢的发展速度。

1983年华盛顿特区会议中心的建设封闭了两条街道，造成了城市肌理的破坏，形成了无法穿越的超级街区。2003年新会议中心使用后，老会议中心被拆除，被封闭的道路重新衔接，通过填充式的开发，保持街墙的连续性，形成多样化、致密的肌理，使新街区与城市原有文脉完美融合（图6-15）。巴塞罗那扩展区、深圳特区、广东天河新区等的成功经验告诉我们小尺度的道路网格系统有利于形成顺畅、连续的步行体系，有利于不同功能建筑类型

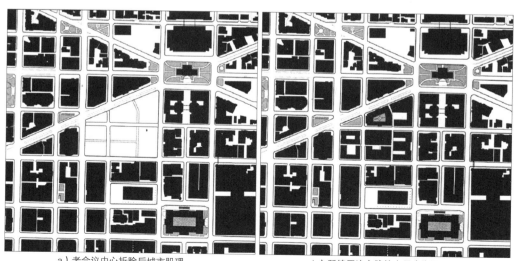

a）老会议中心拆除后城市肌理　　　　　　　　b）延续周边文脉的小尺度街区

图6-15 华盛顿会议中心拆街区改造
（资料来源：（美）塔塔尼主编. 城和市的语言城市规划图解辞典［M］., 李文杰译. 北京：电子工业出版社，2012.）

的混合。对于滨江城市来说，在滨江地区设置小尺度的路网结构，形成多条面向水域的通道，可以增加城市与水域的联系，由于增加了路网的密度而使道路宽度能够缩窄，这为塑造人性尺度的街道空间提供了更多的机会和更适宜的条件，同时也为特色城市肌理的创造提供机会。

③促进支流与城市肌理相协调

城市中的一些支流水系，由于宽度较窄、流量较小而往往被忽视，在城市肌理形成过程中一般不被考虑，甚至改变其河道走势以顺应平直的路网，或干脆被填埋。这种情况在典型城市建设过程中时有发生。松花江主河道作为一种线形结构要素，所影响的城市区域毕竟有限，特别是对于哈尔滨这种团块状形态的城市而言更是如此。然而，深入市区腹地的内河支流水系增大了城市与水系的接触面，也增加形成独特城市肌理的机会。这就需要在城市规划与设计当中保护河流的自然形态特点，避免对河道的裁弯取直，同时注意到这些自然结构要素的影响。在哈尔滨何家沟沿线的规划设计中，我们在恢复何家沟生态功能的基础上，结合自然的水系形态规划河流两侧的居住区，形成滨水区城市肌理依水而变的自然、自由特点，与城市腹地规整的路网结构形成反差（图6-16）。另外，在城市尺度上应把握这些支流的整体走势，依据支流的大转折和变化来协调城市肌理。如哈尔滨马家沟河在太平桥附近形成的半圆形河道，形态曲折，充分利用其自然特点，可以形成具有鲜明特征的城区结构布局。

图6-16 哈尔滨何家沟两侧自由的城市肌理
（资料来源：天作建筑）

6.2.3 历史核心区的保护与更新

城市历史核心区，是城市长期发展过程中形成的社会生活、经济活动、文化交流的中心。它体现着城市发展的脉络，是城市的历史文化品格的集中反映。松花江流域典型城市发展历史不长，历史中心区在城市中更显珍贵。但是，在保护、更新与开发等诸多矛盾之下，由于缺乏对区域历史文化价值的整体认识，往往将其中的历史建筑孤立对待，在修建大量的"现代建筑"时，破坏了原有传统风貌与空间格局。如何延续城市历史核心区的风貌特色，并使其符合当代城市发展需要，是城市特色研究的一项重要课题。这里以哈尔滨市博物馆广场城市设计项目为例探讨旧城中心的保护与更新。

哈尔滨博物馆广场位于市区两条主轴线，即东西大直街和红军街的交汇处（图6-17）。这里曾是一个以圣·尼古拉教堂为中心的不规则放射性广场，是哈尔滨城市建设开始的源头。到20世纪中期，博物馆广场基本上形成了由圣·尼古拉教堂为中心的，多种建筑风格共存的整体形象，该区域也成为城市的中心（图6-18）。但是，随着一些有价值的老旧建筑的拆除和一批现代建筑的建成，广场周边环境发生了很大的变化。由于时代发展和观念上的局限，造成了新老建筑不协调、空间环境质量差、文化气息匮乏等诸多问题，与其城市历史性中心区的地位极不相称，亟需改造。城市历史中心区周围分布着大量保护建筑（图6-19），是城市敏感区，对其改造的制约性和复杂性要求我们只能在限定的条件下，以较小的动作、渐进的方式对城市修修补补。

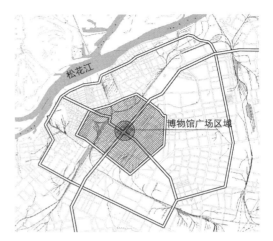

图6-17 博物馆广场城市区位图
（资料来源：笔者自绘）

图6-18 历史上的博物馆广场
（资料来源：哈尔滨规划局）

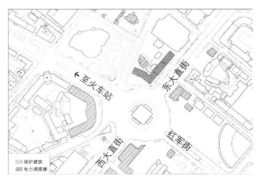

图6-19 区域保护建筑分布
（资料来源：笔者自绘）

（1）整合空间形态

正确认识城市历史中心区的整体历史文化价值，不仅仅是几栋孤立建筑的保护，而且是城市空间格局的延续、整体形态的协调。城市中心区的空间结构反映了城市各组成部分的相互关系，是区域整体风貌形成的源起，在更新改造中只有遵从区域原有的城市肌理才能保证城市形态发展的连续性。

博物馆广场的基本结构是历史上形成的中心放射式格局，具有很强的内聚力，形成了明显的中心和富于变化的城市空间，是区域改造所遵循的基本空间骨架。从区域的现状环境来看，位于区域北侧的电力调度楼对城市环境影响较大，其独向一面的布局破坏了广场的向心性秩序；其硕大体量破坏了广场界面的尺度；其呆板形象与周边历史建筑格格不入。拆除电力调度楼，一方面，可以让被环境淹没的老建筑显露出来；另一方面又可以提供宝贵的城市公共空间，这是区域改造的起点。

电力调度楼拆除后，剩余空地与南侧的小广场连接，形成一个与中心绿岛相对的公共开放空间。在对场地的分析中，我们发现场地内两座老建筑——颐园街一号住宅和老领事馆——与广场中心标志物三者之间巧妙的构成了一条直线，形成了对景关系，这是环境所暗含的秩序与线索。场地的布局依据这条轴线展开，在北部临街部分结合地下商业街布置下沉广场，解决了地上、地下空间的转换；中部围绕领事馆布置绿化水池，烘托建筑形象，缓解其建筑布局与周边环境的冲突，使其成为场地内的重要的景观节点；北部将颐园街一号住宅的围墙打开，使其融入广场，构成景观轴线的端点。通过这种组织方式，整合场地内各种复杂要素，使其面向广场中心呈放射状布局，强化区域的整体结构（图6-20、图6-21）。

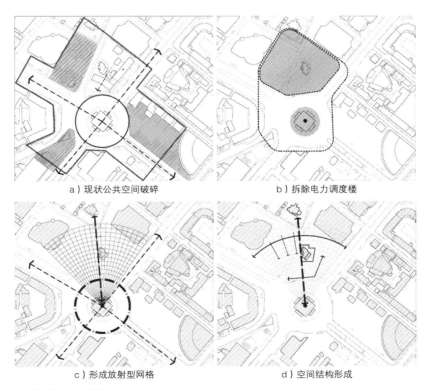

a）现状公共空间破碎　　　　　　　　　b）拆除电力调度楼

c）形成放射型网格　　　　　　　　　d）空间结构形成

图6-20　城市空间形态的整合过程
（资料来源：笔者自绘）

（2）梳理交通流线

城市历史核心区往往是城市中重要的交通节点，与一般历史街区不同之处在于承受着较大的交通压力。由于旧有格局往往不能满足现代化城市交通的需要，使得交通问题成为制约城市改造的主要因素。博物馆广场是六条道路的交汇点，最初就是作为一个交通广场而存在的。城市发展初期，这种放射状布局有利于积聚人气，形成城市中心；但当城市规模扩大时，其弊端就显现出来，过于集中的道路系统不可避免地造成城市中心的交通拥堵。因此，在不破坏原有城市格局的前提下，交通问题的解决必须以城市整个交通体系为基础，采取综合化、立体化方式来处理。

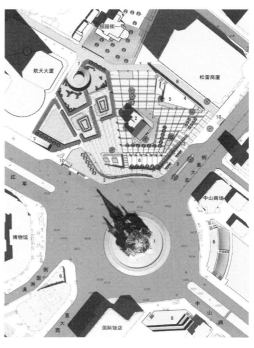

图6-21　博物馆广场规划平面图
（资料来源：笔者自绘）

①控制进入区域中心的交通流量，增强区域支路系统的交通能力，减轻干路，特别是广场周边道路的压力，形成区域内交通的系统化。

②推行公交优先政策，适当加大公交站台之间的距离，开辟公交专用道，设置公交优先信号好交通标志。

③加强停车设施的建设，使区域动静交通平衡。一方面充分利用现有地下停车场，改变其出入口的位置，并对社会开放，增加其利用率；另一方面，在区域外围设置公共停车设施，合理引导换乘机制，以减轻区域停车压力和道路容量压力。

④发展地下人行交通，在广场周边区域形成一系列下沉广场。这些下沉广场与现有地下空间相连，成为地上、地下空间的转换节点，强化地下空间的方向感，改善地下空间的小气候条件，增加地下人行交通便捷性，避免人流车流交叉干扰（图6-22）。

（3）营造场所氛围

在城市更新中，只有找到城市元素之间的关联性，确立新旧元素之间的张力，才能引发人们精神上的共鸣，使区域成为市民共同认可的场所归属。城市中重要的节点与界面，是人们体验城市的主要通道和视线主要观赏轴线，是形成特定人文场所和历史环境的重要组成部分。

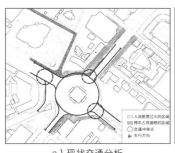
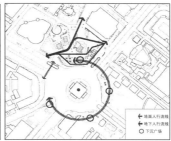
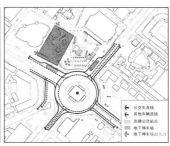

a）现状交通分析　　　　　　　　b）改造后人行交通分析　　　　　　　c）改造后车行交通分析

图6-22　交通分析
（资料来源：笔者自绘）

　　原来位于广场中央的圣·尼古拉教堂是哈尔滨近代城市建设的象征，虽然在"文革"中被毁，但其精巧的比例、错落的形体、优雅的造型，至今仍留存于人们的记忆里。将其建筑意蕴引入到中心标志物的设计中，以一种开放发展的多元观点来看待不断变化的城市历史是我们设计中心标志物的立足点。这里我们采用"重建"的方式恢复圣·尼古拉教堂的历史意象，"重建"的目标是用新的材料在原址重建已湮没或消失的景观，以达到重现历史意象或对某种文化解释说明。具体的处理方式是：以原有教堂为原型，在保证原教堂的比例尺度和外部轮廓不变的前提下，对其进行抽象和重构。整体形态采取上虚下实的处理方式，弱化建筑体量，减少其对视线的阻碍。建筑的上部应用钢架构建错落的外部轮廓，下部应用玻璃砖展现精美的细部。借助现代材料、工艺和灯光技术的应用，使古典建筑艺术特色与具有浓郁地域特点的冰雪文化融为一体（图6-23）。

图6-23　"重构"圣·尼古拉教堂效果图
（资料来源：天作建筑）

6.3　凸显滨江特色景观

典型城市的重要设施往往在沿江两岸展开，商业区、娱乐休闲区、港口区的重要建筑和开放空间大多借助水面塑造独特的景观形象。河流的存在，又形成了河岸、桥梁、岛屿等特殊的形态要素，它们也构成了典型城市区别于其他城市的特色景观。

6.3.1　滨江景观元素比较

（1）自然景观元素

自然地理条件的千差万别，造成了不同城市不同特点的根基。自然地理环境条件包括气候、地形地貌、水系和植被等，是城市生存的根本，是城市诞生、成长和繁荣的依托与见证，也是城市形象差别、城市特色的本源。松花江作为一种自然环境要素，直接构成城市景观的一部分。

吉林松花江形态曲折、宽度适中、水质清澈、河滩植被茂盛，同时以山体为背景形成了丰富的景观层次。哈尔滨松花江河道比较平直，河道分叉性较强，丰、枯水期水量变化较大，枯水期河底暴露，景观质量较差；两岸植被较好，特别是太阳岛和江北地区树木茂盛。佳木斯松花江为弓形，江面宽阔、江中有岛、远处有山、水量充沛、水流平缓，松花江两岸植被良好。比较三个城市的自然景观元素，吉林最好，佳木斯次之，而哈尔滨由于水量变化大，影响滨江景观。

（2）人工景观元素

从滨江人工设施景观质量看，吉林有较丰富的堤岸形态，而哈尔滨、佳木斯的堤岸形态较为单一。从桥梁景观效果看，吉林的悬索式、连续拱式桥梁为滨江景观增色；哈尔滨滨江、滨北铁路桥提升了滨江空间的历史文化氛围；佳木斯跨江桥梁较少，对滨江景观影响不大。

从滨江空间模式看，吉林主要模式是：松花江——休闲空间——道路——建筑；哈尔滨主要模式是：松花江——休闲空间——建筑——道路；佳木斯滨江空间模式与吉林基本相同。比较而言，吉林、佳木斯滨江空间的可达性较好，包括交通可达性和视觉可达性，但是滨江道路的噪声和车流对滨江空间的休闲活动有较大干扰；哈尔滨滨江空间的可达性不如吉林和佳木斯，但是形成了滨江开放空间良好的围合感，可支持更多的公共活动。

从线性滨江开放空间节奏看，吉林滨江空间模式单一，除了南部江左岸和北部江右岸部分地区属于生态保护区模式外，其余地区均为滨水游廊模式，节奏单调。哈尔滨滨江空间虽然整体表现为带状，但穿插着很多开放空间，有防洪纪念塔广场、通江街广场、景阳街广场、北七道街广场、北四道街广场等开放空间节点的存在，使得滨江空间收放有致，形成了良好的空间感受；佳木斯滨江开发空间主要问题是长度较短，码头、工厂占据了大量岸线资源，有待开发。

从滨江景观节点看，三个城市滨江区都有城市级的标志性景观节点。吉林的世纪广场标志塔和天主教堂，哈尔滨的防洪纪念塔，佳木斯的建国十周年纪念塔都是城市具有代表性的人工景观。

（3）文化景观元素

从历史文化景观看，吉林沿江分布阿什哈达摩崖、丰满万人坑、东团山古城遗址、帽儿山墓地遗址、天主教堂、文庙等历史遗迹，但保护开发力度不够，没有形成典型的文化景观元素。哈尔滨道里区的中央大街和道外区的靖宇街是两个重要的历史街区，滨江沿岸的斯大林公园有江上俱乐部等优秀近代建筑，除此之外，江北太阳岛散布着一些俄式别墅。众多的近代建筑遗存结合有历史感的雕塑、座椅、回廊、园灯形成了历史文化特色鲜明的滨江景观。佳木斯滨江区的历史文化资源和历史文化景观相对较少，仅有少量俄式建筑。

从文化设施上看，在长达26公里的吉林滨江带上，文化设施较少，仅有北华大学、体育中心（建设中）、天主教堂等几处文体设施。哈尔滨直接与水相接的设施有游览船和水上餐厅，滨江地区的文化设有科技馆、市儿童少年活动中心、儿童艺术剧院、青年官、市工人体育馆等文化设施。佳木斯滨江文化设施比较缺乏。

从文化休闲活动看，典型城市滨江区的文化休闲活动除按进行场所可分为：水中活动、水岸活动、场地活动以及冬季特色活动。吉林滨江区的文化休闲活动有：观景、散步、晨练、游船、集会、垂钓，冬季有观赏雾凇和赛龙舟等项目。哈尔滨滨江区的文化休闲活动有：观景、散步、晨练、游船、集会、垂钓、放风筝、游泳、购物、野餐和各种沙滩体育活动等，冬季有观冰灯、观雪雕、冰帆、爬犁等冰雪活动。佳木斯滨江区的休闲活动有：观景、散步、晨练、游船、集会、垂钓，冬季有观赏冰灯、爬犁等。比较而言，吉林冬季冰雪文化活动的特色突出，哈尔滨滨江区则提供了丰富多样的文化休闲活动：游船、集会、垂钓，冬季有观赏冰灯、爬犁等。比较而言，吉林冬季冰雪文化活动的特色突出，哈尔滨滨江区则提供了丰富多样的文化休闲活动（表6-2）。

典型城市滨江景观环境比较 表6-1

		吉林	哈尔滨	佳木斯
水域景观	水质	水质Ⅲ-Ⅳ级	水质Ⅳ级	水质Ⅳ-Ⅴ级
	水形	三曲五折反"S"形	较平直	河道呈弓形
	江宽（米）	300~500	100~1000	1000~1200
	江面景观特征	江面宽度适中、水质较清澈、河滩植被茂盛的协调感	分叉河流、沙滩、岛屿、湿地等形成的景观丰富感	江面宽阔、江中有岛、水量充沛、水流平缓、大江东去的开阔感

续表

		吉林	哈尔滨	佳木斯
环境景观	布局模式			
	堤岸形态	悬挑式+倾斜式硬质堤岸、自然堤岸	台阶+倾斜式硬质堤岸	台阶+倾斜式硬质堤岸
	沿江开放空间	26公里长的沿江带状开放空间	斯大林公园、九站公园、道外江畔公园、顾乡公园共26公里	沿江公园，全长3.32公里，总面积26.7公顷
	核心空间节点	世纪广场	防洪纪念塔广场及中央大街，太阳岛公园	建国十周年纪念塔广场，柳树岛公园
	核心景观节点	世纪之舟、天主教堂、临江门大桥、江湾大桥、激流勇进雕塑	防洪纪念塔、滨州铁路桥、滨北铁路桥、太阳岛斜拉桥	建国十周年纪念塔、公路桥、铁路桥
	天际线	板式高层突兀	天际线较混乱	天际线较平直
文化景观	文化设施	较少	较多	缺乏
	文化休闲活动	较单一	比较丰富	较单一
	历史文化景观	古代遗迹	滨江近代建筑、中央大街历史街区、太阳岛历史文化街区	滨江码头、工业区历史景观
景观的组合效应		江、城融合，生态条件优良	历史文化景观与自然景观、休闲景观有机结合	水量充沛，植被茂盛
景观的独特性		不冻江面，雾凇景观	近代建筑，冰灯景观	原野风光

典型城市滨江文化活动类型　　　　　　　　　　　　　　　　表6-2

	水中活动		水岸活动			场地活动						冬季特色活动				
	游泳戏水	划船游船	垂钓	观赏风景	观察野禽	散步跑步	演出集会	趣味体育	商业购物	野餐野营	沙滩体育	观赏冰灯	观赏雪雕	观赏雾凇	赛龙舟	趣味体育
吉林	●	●	●	●	●	●		●				●		●	●	
哈尔滨	●	●	●			●	●	●	●	●	●	●	●			●
佳木斯	●	●	●	●				●		●		●				

6.3.2　滨江景观特质提炼

通过比较分析，可以发现典型城市滨江空间景观存在较大差异，这种差异形成了城市滨江空间的景观特质。

（1）吉林——婉转流动山水景观

吉林滨江廊道空间的景观特质主要是婉蜒流过的松花江和背景山脉构成了层次鲜明、富于变化、两岸互动的风光带，形成一幅"人在江中游，船在画中走"的壮丽画卷。具体分析有以下几个方面：其一，松花江形态优美，三曲五折，穿城而过，宽度适宜，水面宽度约300～500米，两岸宽度约550米，其丰水期和枯水期的水

图6-24　吉林城市滨江景观
（资料来源：http://www.tieba.baidu.com）

落差小，非常优美；其二，松花江是唯一一条北方不冻江，有"雾凇"奇观景象。其三，沿江两岸有许多标志性建筑成为吉林市的形象特征，如松江路天主教堂、世纪之舟、临江门大桥、江湾大桥等；其四，山水环境形成了丰富的景观层次，吉林四周的群山形成了城市景观的远景，城市建筑是中景，而松花江水域景观是近景，形成了层次分明、山水相依的滨江景观。总体而言，吉林城市之美在于其独特的山水环境和城市景观的巧妙结合，城市环境融于山水环境之中，山、水、城交相辉映，形成了"城在景中，景在城内"的滨江景观特质（图6-24）。

（2）哈尔滨——江城相融人文景观

哈尔滨滨江空间的景观特质主要体现为历史性、市民性、休闲性等人文景观与自然景观的有机结合，具体包括以下几个方面。其一，沿江历史文化景观。沿江分布的近代建筑和具有历史感的环境设施塑造了滨江空间的历史文化景观。其二，滨江开放空间的市民性景观。哈尔滨滨江空间用地模式的特点是：滨江公园并不直接临道路，其间有一部分的建设用地，使得市民与滨江公园的关系非常密切。滨江空间不但支持休闲性活动，而且支持很多生活化活动，特别是道外江畔公园有早市、夜市等，使得滨江区呈现丰富多彩的市民性景观。其三，太阳岛及江北的休闲性景观。太阳岛是全国著名的风景旅游避暑胜地，也是哈尔滨人开展野游、野炊等休闲活动的重要场所。其四，滨江冰雪文化景观。哈尔滨以"冰城"而闻名，沿江带的冰雪活动与冰雪景观历史悠久，有江北冰雪大世界、太阳岛雪雕园等著名景点和冰帆、雪橇等冰雪活动（图6-25）。

（3）佳木斯——辽远开阔原野景观

佳木斯滨江空间景观特质突出体现为以广阔的三江平原为背景，以壮丽的松花江水系景观为中心，由优良的自然生态环境所形成的辽远开阔的原野风光。佳木斯位于松花江下游的平原地带，松花江水量的季节性变化明显，水位涨幅较大，属于洪水多发地区。并且沿岸的大部分地段地势平缓，洪水的淹没线深入城市内部。在防洪的压力下，佳木斯滨江人工空间较少、自然空间较多，英格吐河河口湿地和江北滨江区、柳树岛基本上是作为泄洪区，处于自然状态。因此，佳木斯虽然是沿江带状发展的城市，但滨江空间的特点是自然气息浓郁，城市掩映于自然之中，加之开阔空旷的松花江水域及江北湿地，使得滨江空间呈现一片原野风光，也与佳木斯"北大荒"文化特质相吻合（图6-26）。

图6-25　哈尔滨城市滨江景观
（资料来源：http://www.tieba.baidu.com）

图6-26　佳木斯城市滨江景观
（资料来源：http://www.Jiamusi.augou.com）

6.3.3　滨江景观特质优化

（1）控制滨江天际线景观

人们在宽阔的水面或对岸能看到城市滨水天际轮廓线，这种轮廓线能充分展示城市的整体形象。纽约曼哈顿滨水天际轮廓线，芝加哥湖滨天际轮廓线等通过节奏韵律的把握，形成了鲜明的城市形象。松花江流域典型城市滨江地区由于过度的商业地产开发，缺乏行之有效的城市天际线控制手段，导致滨江天际线形态的混乱，突出表现为大体量板式高层住宅对滨江传统风貌的破坏。因此，迫切需要对城市滨江天际线进行控制，并落实到法定规划体系当中。

对于吉林这样自然山水要素丰富的城市来说，滨江空间的景观特质在于将山水融为一体，组织借山用水的城市景观序列，形成丰富景观层次。山体轮廓在吉林城市轮廓线控制系统中起着格外重要的作用，城市环境中山体的楔入给人以"生态城市"的意味，也形成了多层次的城市天际线。同时山体制高点作为城市布局的标志，也可作为俯视市容市貌和远眺风景的地方。因此，保护水系廊道中的山体轮廓景观是凸显城市自然山水景观特色的重要一环。山体轮廓线应作为确立区域建筑高度和建筑布局的出发点，沿江塑造与山体轮廓线互补的滨江天际线景观。滨江横断面建筑体量应考虑山景欲水景，与山体、水体形成自然过渡的趋势，突出区域自然山水景观意境（图6-27）。

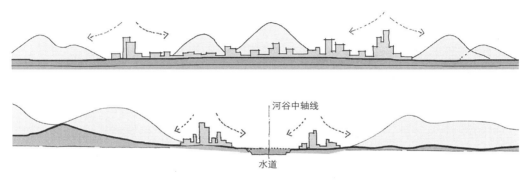

图6-27 吉林滨江天际线控制示意图
（资料来源：笔者自绘）

哈尔滨宽阔的松花江水域，为人们欣赏城市天际线提供了广阔的空间视角，特别是城市跨江发展后，人们有更多的机会欣赏城市天际线。哈尔滨建成初期道里区、道外区原建筑都不超过5层，教堂的尖塔和洋葱顶林立于其上，形成了既协调又丰富的天际线景观。但是，由于对历史建筑保护的意识不强，控制力度不够，在老城区内也冒出了很多高层，造成了滨江天际线的混乱。哈尔滨市到目前为止还没有针对城市天际线审批的专项法规，在实际审批过程中，只是参考高层建筑分区规划。笔者认为城市天际线的规划刻不容缓，应从滨江整体天际线景观角度，对沿江区的建筑高度与形体进行控制。新城区的建设应强调轮廓线，强化节奏韵律感，高层建筑必须成为展现城市轮廓线的重要景观。旧城改造中，降低土地开发的密度，不再"见缝插楼"，控制老城区高层建设，保持其平缓天际线景观。根据哈尔滨滨江天际线景观的现状，经纬街至公路大桥区间段内，位置适中，已经有一批高层建筑基础，应在此处营造滨江天际线的高潮点，统领滨江建筑轮廓线景观。

佳木斯滨江景观的发展方向是塑造原野风光，体现水清天蓝、旷野辽阔、空气清新的"北大荒"景观原貌。首先要保持好柳树岛和江北郊区原野风光特色，对江北和柳树岛的滩涂、湿地、植被等自然环境要予以保护，避免大体量建筑的建设和大规模的城市开发。其次，注重城市建筑景观与自然环境景观的融合，注重保持滨江建筑低层、低密度的开发强度，避免过度开发和突兀的建筑形体破坏滨江平缓的天际线景观。

（2）建构沿江文化廊道

城市滨江空间，往往是城市产生的起点，记录了城市的发展过程，留下城市历史印记。如巴黎塞纳河两岸分布着众多的历史文化景观节点，成为城市风貌的展示地带。巴黎每年接待的外国游客中，超过一半有乘船从水上体验巴黎风光的经历。反观松花江典型城市，由于滨江历史文化资源缺乏相应的景观表现，滨江线性开放空间连续性差，滨江整体文化旅游开发层次较低，无法承载展示城市地域文化景观的作用。例如，吉林虽然有26公里长的滨江带，然而沿江有历史、有内涵、有特色的景观节点太少，仅有天主教堂和世纪广场独具特色，但是又过于集中，沿江带序列景观体系尚未形成。

吉林沿江分布着丰富的、有待开发的历史文化资源，这些历史文化资源使得滨江景观节点塑造和沿江文化廊道构建的具备巨大潜力。松花江上游小白山为乾隆祭祖遗址，在小白山区域城市设计中，规划复原小白山清皇祭祖建筑——望祭殿，设立乾隆祭祖文化公园。通过建立山水之间的视觉通廊，将历史文化景观与滨江自然景观衔接，塑造滨江景观节点。中游左岸的清朝文庙也是吉林重要的历史文化景观，应结合滨水活动和历史文化活动，挖掘城市历史内涵。开放文庙临江一侧形成广场，把文庙主轴线延至江边，把人文历史活动与滨水活动联系起来。右岸的东团山山城遗址，也应通过保护与开发形成重要的历史遗址景观。通过开发沿江历史资源、丰富沿江景观节点，设立水上观景旅游路线，使松花江廊道空间成为展示吉林特色景观的重要场所（图6-28）。

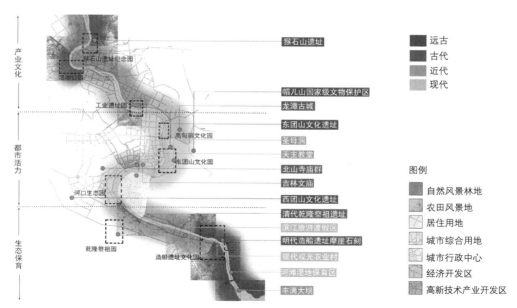

图6-28 吉林滨江文化廊道规划
（资料来源：笔者自绘）

哈尔滨与佳木斯城市沿江功能布局有相似之处，松花江蜿蜒的走势形成了不同的地形、地貌和自然条件，应发挥这一天然优势，充分利用江中洲地、跨江桥梁、山体、建筑物及构筑物等，营造不同的景观特征。江北主要是以自然景观为主，江南城区范围内的滨江区可沿松花江走势，结合城市的结构布局和职能组成，可形成上、中、下游三大段落：上游结合码头、工厂用地的功能置换与城市更新，塑造航运、工业遗址文化景观；中游以现有滨江开放空间为主体，结合中心主城区的历史、商业、文化功能，依托对岸岛屿重点突出江、城、岛、洲相融的滨江活力城市景观；下游水面开阔，结合大型湿地和城郊自然环境，重点塑造具有郊野气息的生态田园风光。

（3）缝合滨江公共空间

松花江的水域、沙滩、岛屿等提供塑造多样化景观特征，是激发丰富多彩的休闲文化活动发生的基础。但是，城市滨江公共空间只是提供了一种可能的空间容量，人们实际的活动还受到周围区域建筑使用状况和空间布局模式的支配。所以，综合考虑生态、景观、交通、防洪等各方面因素，确立由水系及内陆的梯度空间模式，是发挥滨江生态景观资源辐射效应，形成生机勃勃的滨江人文景观，彰显城市特色的重要一环。典型城市滨江区虽然类型多样，形态各异，但突出滨江地段有三个：城市中心区、城市新区和工业码头改造区。

①中心区——立体化模式

松花江流域典型城市中心区滨江空间的主要问题是用地布局模式单一，城市道路、铁路将滨江公共空间限定在沿江带两侧，滨江区虽然建设比较完善，但是与城市联系不紧密。因此，城市中心滨江空间的改造，除了增加垂直于江的纵向道路，缩小滨江街区尺度，增加交通通达性和视觉通达性之外，可以结合城市更新通过"立体化"方式解决滨江区与城区割裂的问题。比如，吉林哈达湾区域高速铁路和城市主干道完全将滨江区域与城区割裂开来。改造思路是将城市建设的基准面提高6米，跨越城市干道和高速铁路，形成直达滨江的连续空间体系。以"立体化"发展思路呼应山水城市的特点，在不同标高层次解决交通体系与滨江景观，城市功能与生态环境等问题的矛盾，塑造北方山水城市的形象特征（图6-29）。

②新城区——生态化模式

沿江新城区建设有更多的选择余地，应突出景观共享性和滨江生态性原则。从景观资源的共享性看，要确保松花江的视域面，控制滨水区建筑体量，临水建筑的间口率应在7/10以下（间口率为建筑平行于河流的长度与用地长度之比）。通过控制建筑间距，规定建筑洞口位置和尺寸等方式确保眺望松花江的视线通廊。控制大体量建筑对滨江景观环境的阻挡，建筑高度应由临江向腹地依次递增，确保视觉可达性和丰富的景观层次。

　　为了保护水源地，新城区一般都位于城市滨江下游区域。这一区域河道开阔，沙洲、湿地与水域交融，体现为多样化的生境景观，生态保育要求较高；另一方面，由于处于松花江下游，行洪、蓄洪的压力较大。因此，新城区应选择主动防洪理念下的生态型滨水空间模式：以百年一遇的洪水漫滩宽度作为滨江空间与城市的边界，以宽阔的生态水陆缓冲带作为城市河流对抗侵蚀和污染的屏障，成为缓解和蓄滞洪水自然空间，还是人们进行多种多样体育、休闲、娱乐活动的场所。通过水陆过渡的滨江区、过渡区、近江区的梯度层次，满足不同生境需求，支持多样休闲活动，实现北方寒冷地区滨江城市的特色生态景观（图6-30）。

　　③工业码头区——市民化模式

　　典型城市滨江码头工业区随着城市滨江景观、生态价值的日益凸显，航运工业价值的逐步下降，区域更新改造工作正逐渐展开。区域的改造更新不能成为简单的商业地产开发，应突出其景观元素、工业元素和文化元素，作为城市重要特色风貌区进行控制，使其

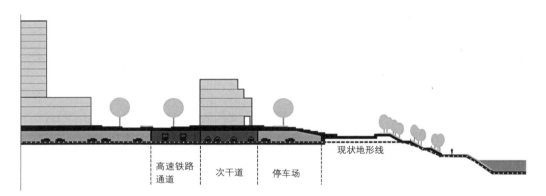

图6-29　城市中心区滨江断面
（资料来源：笔者自绘）

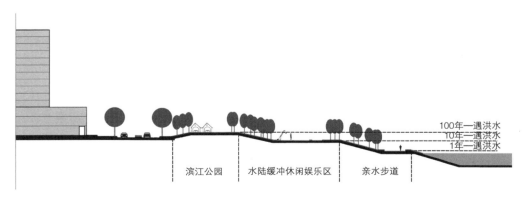

图6-30　城市新区滨江断面
（资料来源：笔者自绘）

成为市民休闲，城市旅游的重要目的地。其一，在基地工厂搬迁后，进行全面详细的土壤和地下水污染状况调查，明确污染类型与污染程度，做好生态环境的修复工作；其二，对工业遗存进行建筑价值、文化价值、历史价值的系统评估，充分利用、适度改造原有厂房、建筑、场地，留住城市发展的工业印记；其三，以现有工业遗存为空间载体，因地制宜注入新城市功能活力，发展可观赏、可游玩、可体验、可互动的目的地，体现浓郁的地域特色和鲜明的码头工业主题，成为融合城市活力不旅游、历史底蕴和现代生活展示的交流平台（图6-31）。

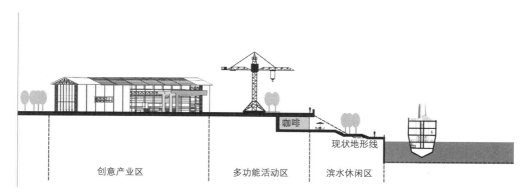

图6-31　工业码头区改造滨江断面
（资料来源：笔者自绘）

6.4　本章小结

城市产生发展脱离不了一定地域范围的自然环境资源，城市特色是地域文化特色的集中体现。典型城市文化是松花江流域文化的分支，从其内涵来看，是一种以松花江流域特殊的自然生态和人文地理环境及以生产力发展水平为基础的具有认同性的文化体系，是松花江流域文化特性的集聚。同时，由于每个城市文化在流域文化时空坐标的不同位置形成了各自的独特性。基于以上认识，本章提出开发江城文化资本，修补江城结构肌理，凸显滨江特色景观的城市空间特色建设策略。

典型城市的特色文化资源包括：水域文化、冰雪文化和历史文化。通过促进文化资源向文化景观转化，特色文化与自然景观融和，水域文化的传承与创新，实现典型城市特色文化资源的开发。

典型城市空间形态特色建设应坚持"修补"观念，把握城市发展的非终极性，以小规模渐进式的方式寻求城市保护与发展之间的平衡。文章提出以整体性原则、保护性原则、适应性原则、渐进性原则为基础，从点——历史核心、线——城市风貌轴、面——特色肌理三个层次进行城市形态特色研究。

滨江空间是典型城市特色的集中展示区。典型城市滨江环境之间存在差异，这些差异体现为城市滨江景观特质：吉林——婉转流动山水景观；哈尔滨——江城相融人文景观；佳木斯——辽远开阔原野风光。典型城市滨江景观特色建设以强化原有特质为基础而展开。

结语

~~~~~~~

江河是人类的母亲，人类在江河的怀抱里生存繁衍，创造历史。松花江哺育了流域内的人们，滋养了沿江城市，塑造了独特的地域文化；而沿江城市作为松花江文化的重要物质载体，是流域文化的集中反映。松花江与沿江城市之间密不可分的关系是本书研究的基点。

（1）流域整体视角

松花江流域不仅是纯粹的地理区域，更是自古沿袭、以水系串连起来的历史文化区域。以流域为研究背景，把城市赖以存在的地域空间上升到应有的地位，拓展了城市形态、生态、文化等问题的研究视野，凸显了城市的区域特性、地域特性和水系特性。本书借鉴文化地理学的理论方法，通过与辽河流域文化发展特征的比较，明确了松花江流域文化圈概念和范围。在此基础上，总结出松花江流域城市发展的三个特征：震荡与突变的发展历程，沿江与沿路的空间布局，冲突与交融的文化特质。

（2）对比分析研究

通过建立空间——时间坐标体系，把握同一地域不同城市空间发展的层次性、多样性和差异性，从而获得对整个区域的城市演化发展历程具体的、综合的认识。本书以时间发展为线索，讨论城市空间发展的前后关联，从空间演化的表象中发掘其共性，找出空间形态发展的一般过程和演变规律。通过对吉林、哈尔滨、佳木斯三座典型城市空间形态与松花江水系关系的历时性分析，总结出典型城市的演变规律：水系利用价值的演替性规律；城市形态演变的阶段性规律；城市空间发展的同构性规律。

（3）核心问题导向

针对城市问题的多样性和复杂性，结合本学科研究范围，本书选取城市跨江发展、城市生态格局、城市地域文化三方面与松花江关系紧密，且亟需探索的问题，从空间模式、空间布局、空间特色三个层面逐级展开研究。提出典型城市跨江发展模式和发展方向；提出了开发江城文化资源、修补江城结构肌理、凸显滨江特色景观的城市空间特色建设策略，使研究更具针对性和逻辑性。

本书的研究是在相对宏观的城市层面上探讨问题，依托于更加宏观的流域背景，关注的是城市总体的发展模式、空间格局，因此得出的结论也主要是城市层面的内容，而关于具体的城市设计手法方面涉及较少。另外，由于从"流域"的特殊视角探讨城市空间形态问题，因此着重关注与松花江水系密切相关的问题，由于城市问题的多样性与复杂性，这势必造成关注到了一些关键问题，而忽视了其他一些问题。限于笔者的理论水平，有关研究尚待进一步深化，希望得到同行的批评指正。

参考文献

~~~~~

1 松辽水利委员会编. 松花江卷［M］. 北京：水利电力出版社，1994.

2 吉林市地方志编撰委员会. 历时在说［M］. 长春：吉林人民出版社，2006.

3 胡本荣，梁祯堂，谢永刚. 松花江干流名称的历史演变和源头的变革［M］. 北京：中国水利水电技术出版社. 1996.

4 ［英］迈克·克朗. 文化地理学［M］. 杨淑华，宋慧敏译. 南京：南京大学出版社，2003.

5 陈慧琳主编. 人文地理学［M］. 北京：科学出版社，2002.

6 郝维人，潘玉君. 新人文地理学［M］. 北京：中国社会科学出版社，2002.

7 邓辉. 卡尔·苏尔的文化生态学理论与实践. 地理研究［J］. 2003，（9）：626~634.

8 Peter Atkins. People, Land and Time- An Introduction to the Relations between Landscape, Culture and Environment［M］. London：A Hodder Arnold Publication, 1998.

9 王纪武. 地域文化视野的城市空间形态研究——以重庆、武汉、南京地区为例［D］. 重庆大学，2005.

10 司徒尚纪. 广东文化地理［M］. 广州：广州出版社，1999.

11 曲英杰. 近年来中国古代区域文化研究概览. 中国史研究动态［J］.

1989.（3）：13–18.

12　[美] G. W. 施竖雅. 中国农村市场和社会结构 [M]. 史建云，徐秀丽译. 北京：中国社会科学出版社，1998.

13　戴志中，杨宇振. 中国西南地域建筑与文化 [M]. 武汉：湖北教育出版利，2002.

14　黑格尔. 历史哲学 [M]. 王造时译. 上海：上海书店出版社，2001.

15　范镇威. 松花江传 [M]. 保定：河北大学出版社，2010.

16　赵东升. 东北地区现代气候变化及其对生态地理界线的影响研究 [D]. 东北师范大学，2004.

17　吉林省志编纂委员会编. 吉林省志——城乡建设卷二十八·建设志 [M]. 长春：吉林人民出版社，2001.

18　王绍周总主编，于倬云等分篇主编. 中国民族建筑第3卷 [M]. 南京：江苏科学技术出版社，1999.

19　马汝珩，马大正主编. 清代边疆开发研究 [M]. 北京：中国社会科学出版社，1990.

20　滕利贵. 伪满经济统治 [M]. 长春：吉林教育出版社，1992.

21　许学强等编. 城市地理学 [M]. 北京：高等教育出版社，1997.

22　林明棠. 吉林市发展史略 [M]. 长春：吉林文史出版社，1997.

23　吴晓松. 东北移民垦殖与近代城市发展 [J]. 城市规划汇刊. 1995，（2）：46~54.

24　刘松茯. 哈尔滨城市建筑的现代转型与模式探析. 哈尔滨：哈尔滨工业大学 [D]，2001.

25　吉林市城乡建设委员会史志办. 吉林市志·城市规划志（1673–1985）[G]. 吉林市城乡建设委员会，1997.

26　吉林市城乡建设委员会史志办. 吉林市志·交通志 [M]. 吉林市城乡建设委员会，1997.

27　哈尔滨地方志编纂委员会. 哈尔滨市志·总述 [M]. 哈尔滨：黑龙江人民出版社，2000.

28　哈尔滨市城市规划局，哈尔滨市城市规划学会. 哈尔滨印象 [M].

北京：中国建筑工业出版社，2006.

29　哈尔滨地方志编纂委员会. 哈尔滨市志·交通志［M］. 哈尔滨：
黑龙江人民出版社，2000.

30　哈尔滨地方志编纂委员会. 哈尔滨市志·航运志［M］. 哈尔滨：
黑龙江人民出版社，2000.

31　哈尔滨城市建设委员会. 哈尔滨城市建设史［M］. 哈尔滨：黑龙
江人民出版社，1995.

32　哈尔滨市规划局. 哈尔滨市总体规划（2004—2020）. 内部资料，
2003.

33　佳木斯地方志编纂委员会. 佳木斯市志［M］. 哈尔滨：黑龙江人
民出版社，1996.

34　王洪盛，吴鸿诰编. 佳木斯城市发展史［M］. 哈尔滨：黑龙江人
民出版社，2004.

35　佳木斯市城市规划设计研究院. 佳木斯市城市总体规划修编说明
（1992—2010）［M］. 内部资料，1992.

36　李国豪主编. 建苑拾英——中国古代土木建筑科技史料选编·第3
辑［M］. 上海：同济大学出版社，1999.

37　Ann Breen, Dick Rigby. The New Waterfront［M］. New York：
Thames an Hudson, 1996.

38　顾朝林，甄峰，张京祥. 集聚与扩散——城市空间结构新论［M］.
南京：东南大学出版社，2000.

39　段进. 城市空间发展论［M］. 南京：江苏科学技术出版社，2006.

40　M Fujita, P Krugman, A Venables. The Spatial Economy：
Cities, Regions and International Trade［M］. Cambridge：The
MIT Press, 1999.

41　王兴平. 我国滨江大城市的跨江扩展［J］. 城市规划学刊.
2006,（2）：91-95.

42　吴良镛. 吴良镛城市研究论文集（1986-1995年）［M］. 北京：中
国建筑工业出版社，1996.

43　哈尔滨地方志编纂委员会. 哈尔滨市志·城市规划志［M］. 哈尔滨：

黑龙江人民出版社，2000.

44 南京大学城市规划设计研究院. 哈尔滨市松北区分区规划（2004—2020）［G］. 内部资料，2005.

45 佳木斯市城市规划设计研究院. 佳木斯市城市总体规划修编说明（2003—2020）［G］. 内部资料，2003.

46 佳木斯市城市规划设计研究院. 佳木斯市城市远景规划［G］. 内部资料，2004.

47 中国城市规划设计研究院. 吉林市城市空间发展战略规划［G］. 内部资料，2005.

48 李培祥. 东北地区城市与区域相互作用机理与模式研究［D］. 东北师范大学，2004.

49 赵燕菁. 探索新的范型：概念规划的理论与方法［J］. 城市规划. 2001，（3）：38-51.

50 中国城市规划设计研究院. 哈尔滨市松北新区发展规划［G］. 内部资料，1997：20.

51 孙书亭. 吉林市市区交通需求分析［J］. 北华大学学报（自然科学版）. 2004，5（5）：474-476.

52 郭湘闽. 走向多元平衡——制度视角下我国旧城更新传统规划机制的变革［M］. 北京：中国建筑工业出版社，2006.

53 杨春霞. 城市跨河形态与设计［M］. 南京：东南大学出版社，2006.

54 Peter Katz. The New Urhanism：Toward an Architecture of Community［M］. New York：McGraw-Hill，1994.

55 刘燕. 基于区域整体的郊区发展——巴黎的区域实践对北京的启示［M］. 南京：东南大学出版社，2004.

56 佳木斯市规划设计研究院，北京大学城市与区域规划系. 佳木斯市发展战略规划（2003~2020）［G］. 内部资料，2002.

57 沈磊. 快速城市化时期浙江沿海城市空间发展若干问题研究［D］. 北京：清华大学，2004.

58 J Wu，Hobbs R. Key Issues and Research Priorities in Landscape

Ecology: An Idiosyncratic Synthesis [J]. Landscape Ecology. 2002, 17: 355~365.

59　J Wu, B Jones, H Li. Spatial Scaling and Uncertainty Analysis. Ecology: Methods and Applications [M]. New York: Columbia University Press, 2004.

60　P. C. Hellmund, D. S. Smit. Designing greenways: sustainable landscapes for nature and people [J]. Landscape Ecology. 2007, 9: 1429–1430.

61　吕斌佘，高红. 城市规划生态化探讨——论生态规划与城市规划的融合 [J]. 城市规划学刊. 2006,（4）: 14–19.

62　吉林市地方志编纂委员会. 吉林市志·地理志 [M]. 长春: 吉林人民出版社，2005.

63　M A Zavala, T V Burkey. Application of Ecological Models to Landscape Planning: The Case of the Mediterranean Basin [J]. Landscape and Urban Planning. 2002,（59）: 65~93.

64　Botequilha Leit. André, Ahern Jack. Applying Landscape Ecological Concepts and Metrics in Sustainable Landscape planning [J]. Landscape and Urban Planning. 2002, 59: 65~93.

65　J V Ward, K Tockner, F Schiemer. Biodiversity of Floodplain River Ecosystems: Ecotones and Connectivity [J]. Regulated Rivers: Research and Management. 1999, 15（1–3）: 125~139.

66　K J Haven, L M Varnell, J G Bradshaw. An Assessment of Ecological Conditions in a Constructed Tidal Marsh and two Natural Reference Tidal Marshes in Coastal Virginia [J]. Ecological Engineering. 1995, 4: 117~142.

67　Thomas A. Seybert. Stormwater Management for Land Development: Methods and Calculations for Quantity Control[M]. Hoboken : John Wiley & Sons Inc. 2006.

68　朱桂玲，胡学明，马明昌. 佳木斯市城市水资源的开发利用 [J]. 国土与自然资源研究. 2005, 2: 78–79.

69 www.scwater.net/ westermeet /westermeet03.htm.

70 B L Ong .Green Plot Ratio: An Ecological Measure for architecture and Urban Planning [J]. Landscape and Urban planning. 2003, 63: 197~211.

71 R. T. T. Forman. Landscape Mosaics [M]. Cambridge: Cambridge University Press, 1995.

72 张林英，周永章，温春阳，邓国军. 生态城市建设的景观生态学思考 [J]. 生态科学. 2005. 24（3）：273-277.

73 F. Pace. The Klamath Corridors: Preserving Biodiversity in the Klamath National Forest. Island Press, 1991：105~116.

74 朱强，俞孔坚，李迪华. 景观规划中的生态廊道宽度 [J]. 生态学报. 2005, 25（9）：2406-2412.

75 车生泉. 城市绿色廊道研究 [J]. 城市规划. 2001, 25（11）：44-48.

76 Tom Turner. Greenways, Blueways, Skyways and Other Ways to a Better London. Landscape and Urban Plannig [J]. 1995, 33：269~282.

77 欧阳志云，李伟峰，JuergenPaulussen. 大城市绿化控制带的结构与生态功能 [J]. 城市规划. 2004, 4：41~44.

78 束晨阳. 城市河道景观设计模式探析 [J]. 中国园林. 1999, 15（61）：8~11.

79 Michael Hough. City Form and Natural Process. Van Nostrand Reinhold Company, 1984：71.

80 千庆兰，陈颖彪. 吉林市城市绿地系统规划研究 [J]. 北京林业大学学报. 2004, 26（5）：61-65.

81 Timothy Beatley. Green Urbanism: Learning from European Cities. Washington [M]. California: Island Press, 2000.

82 王天明，王晓春等. 哈尔滨市绿地景观格局与过程的连通性和完整性 [J]. 应用与环境生物学报. 2004, 10（4）：402-407.

83 Melida Cutierrez, Elia Johnson, Kevin Mickus. Watershed

Assessment along a Segment of the Rio Conchos in Northern Mexico using Satellites Images [J]. Journal of Arid Environments, 2004, (56): 395-412.

84　汪德华. 试论水文化与城市规划的关系 [J]. 城市规划汇刊. 2000, 3: 29~36.

85　[美]杨·盖尔. 交往与空间 [M]. 何人可译. 中国建筑工业出版社, 1992.

86　龚鹏程. 文化符号学 [M]. 台北: 台湾学生书局, 1992.

87　富育光. 萨满论 [M]. 沈阳: 辽宁人民出版社, 2000.

88　王其亨. 风水理论研究 [M]. 天津: 天津大学出版社, 1992.

89　http://www.Jiamusi.augou.com.

90　张鸿雁. 城市形象与城市文化资本论 [M]. 南京: 东南大学出版社, 2002: 247.

91　吕志鹏, 王建国. 纽约南街巷滨水历史街区再开发研究 [J]. 国外城市规划. 2002, 2: 34-36.

92　汪霞. 城市理水——基于景观系统整体发展模式的水域空间整合与优化研究 [D]. 天津大学, 2006.

93　蔡新冬, 赵天宇, 张伶伶. 修补城市 [J]. 城市规划. 2006, 12: 93-96.

94　翟立伟编. 吉林旧影 [M]. 长春: 吉林市人民出版社, 2006.

95　http://www2.cr.nps.gov/briefs/brie36.htm.

96　张伶伶, 黄勇, 赵伟峰, 袁敬诚. 主体创作过程中的理性——吉林世纪广场主体建筑创作 [J]. 新建筑. 2000, 2: 1-4.

97　齐康主编. 城市建筑 [M]. 南京: 东南大学出版社, 2001.

98　(美) 塔塔尼主编. 城和市的语言城市规划图解辞典 [M]. 李文杰译. 北京: 电子工业出版社, 2012.

后记

~~~~~~~

　　本书根据笔者几年前完成的哈尔滨工业大学博士学位论文改写而成，是对十几年来跟随导师张伶伶先生在天作建筑科学研究院学习与工作的一个总结。

　　城市空间形态发展问题是我进入研究生学习阶段后一直关注的问题。当时有幸参与了天作建筑在哈尔滨、吉林、佳木斯等滨江城市的创作实践，在此过程中逐渐形成对相关问题一些零散思考，但是一直缺少系统地梳理。2005年发生了松花江重大水污染事件，对整个流域生态环境、城市安全产生巨大威胁，也促使我跳出原有的微观视角，从流域系统的宏观视角审视滨江城市空间形态发展与城市滨水空间规划设计等问题。此后，经过几年的探索，逐渐理清学术思路，找到研究途径，形成一些系统认识。近些年来，东北地区城市发展陷入困境，空间格局混乱、生态环境失衡、地域特色缺失也是突出的问题，本书的出版也是希望从"流域"视角研究城市空间形态的思路、方法能为相关问题解决提供些许参考。

　　成书之际，首先对我的导师——张伶伶先生表示深深的谢意。本书从选题、立意到调研、实践、写作的全过程，每个细节都浸透了导师大量的心血。在先生指导下所进行的一系列科研与实践工作，不仅为本书完成提供了坚实基础，也帮助我逐渐形成学术观点。导师渊博的学识、敏锐的洞察力、严谨的治学态度和执着的敬业精神一直激励着我。

感谢天作建筑的同事们，本书列举很多实例是大家共同努力探索的实践成果，很多学术观点也是在大家的讨论中逐渐清晰。

感谢中国建筑工业出版社的陆新之主任、张明等编审人员为编辑本书付出的辛勤劳动。

本书属国家自然科学基金项目"松花江流域典型城市生态化空间形态技术研究"的主要成果之一，感谢国家自然科学基金委员会给予的资助。

蔡新冬

2017年春

图书在版编目（CIP）数据

模式·格局·特色：松花江流域视野下典型城市空间
形态研究／蔡新冬著. —北京：中国建筑工业出版社，
2017.10
　　ISBN 978-7-112-20927-9

　Ⅰ.①模…　Ⅱ.①蔡…　Ⅲ.①城市空间-研究-东北地
区　Ⅳ.①TU984.23

中国版本图书馆CIP数据核字（2017）第158613号

责任编辑：张　明
书籍设计：张悟静
责任校对：李欣慰　李美娜

模式·格局·特色
——松花江流域视野下典型城市空间形态研究

蔡新冬　著

*
中国建筑工业出版社出版、发行（北京海淀三里河路9号）
各地新华书店、建筑书店经销
北京锋尚制版有限公司制版
北京云浩印刷有限责任公司印刷
*
开本：787×1092毫米　1/16　印张：13½　字数：275千字
2017年11月第一版　2017年11月第一次印刷
定价：38.00元
ISBN 978-7-112-20927-9
（30582）